尚锦西点装饰系列

（日）小川美佳 著

干寻 译

我的第一本
饼干装饰书

（附赠纸样）

中国纺织出版社有限公司

U0149648

目 录

本书的读解方法

这本书将会介绍翻糖饼干以及纸杯蛋糕的制作方法。第二部分之后的菜单以第一部分没有涉及的技巧为中心进行讲解说明，基本的技法和技巧请参考第一部分的说明。

＊计量用勺：大勺15毫升，小勺5毫升

＊烤箱请事先按照指定的温度预热之后再使用。烤箱不同的机型在温度和烘焙时间上存在差异，可根据情况自行调整。

食谱材料栏的解读方法

芭菲

饼干……p8／芭菲形

点缀：糖粒（大）……银色，压片糖（心形、彩虹）

翻糖

底色：2号，白色（全部较软）

巧克力：24号（较软）

奶油：白色（较硬）

裱花嘴：花朵裱花嘴#18

这里写着使用的饼干模具和装饰材料。用自创饼干模具制作饼干的做法详见p93~95。

这里写着使用的翻糖的色号。数字详见p16~17的色号表。另外，较硬、中等硬度、较软指的是翻糖的软硬程度。

这里写着使用的裱花嘴的种类。如果有其他必要的工具或材料的话也会在这里标明。

前言

　　第一次看到翻糖饼干和纸杯蛋糕时，我就被它们吸引，并因为它们的可爱而心动。之后我便动手开始制作，至今已经5年了。

　　在自己脑海中勾勒出图案和色彩，再真实地表现出来。即便是同一种西点，只要使用了不同的颜色，就会产生令人惊讶的变化。这种乐趣是制作其他糕点所没有的。

　　我在制作每件作品时一直都铭记要不忘初心。在制作的过程中，我会想象站在西点面前的客人的笑容。这样做西点的人也会自然而然地露出微笑，感觉就像是产生了幸福的连锁反应。

　　这些可爱的翻糖饼干和纸杯蛋糕即使只是看看都会给人以幸福的感觉，而吃起来更是非常美味。如果大家通过这本书可以感受到制作西点的乐趣，我将会感到十分荣幸。

micarina　小川美佳

第一部分

翻糖的基础

这一部分介绍饼干和纸杯蛋糕的做法，
以及翻糖制作的基本技巧，
让我们开心地制作可爱的西点吧！

基本的工具

这里介绍饼干、纸杯蛋糕的制作工具，
以及翻糖制作所必需的工具。

● 饼干和纸杯蛋糕的制作工具

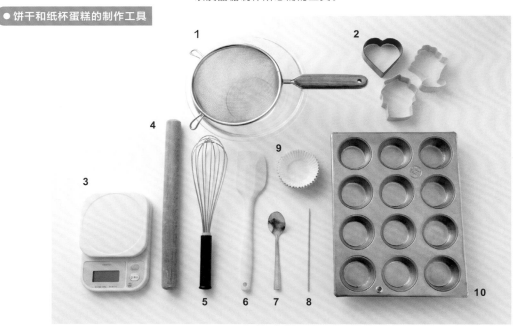

1 容器和筛子
容器用来搅拌材料，筛子用来过筛
粉类。

2 饼干模具
如想制作原创饼干模具，详见p34。

3 秤
称量材料时使用。

4 擀面杖
擀饼干面团时使用。

5 打蛋器
搅拌黄油时使用。

6 硅胶铲子
搅拌材料时使用。

7 小勺
把纸杯蛋糕放进模具中时使用。

8 竹扦
确认纸杯蛋糕是否烤好时使用。

9 纸杯
烘焙纸杯蛋糕的模具。

10 麦芬模具
此书使用的是底面直径为5.5厘米的麦
芬模具。

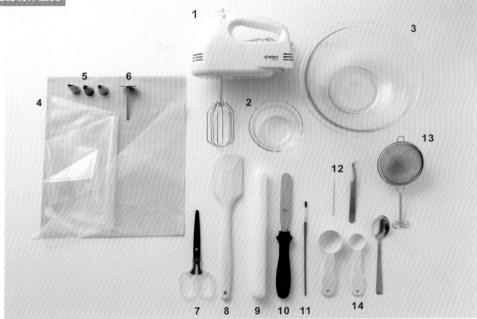

1 电动打蛋器
搅拌翻糖时使用。

2 小碗
给翻糖上色时使用。

3 玻璃容器
搅拌翻糖时使用。

4 油纸，OPP塑料袋，塑料裱花袋
油纸在烤饼干时垫在烤盘上。OPP塑料袋作为挤翻糖的裱花袋。塑料裱花袋配合裱花嘴使用。

5 裱花嘴
裱花嘴主要用于做翻糖花。可以根据要挤的形状选用不同的大小和型号。

6 花托
在花托上垫上油纸，用裱花嘴在上面制作翻糖花。具体做法详见p28。

7 剪刀
用来剪裱花嘴的开口。

8 硅胶铲子
在制作翻糖膏时使用。

9 塑料擀面杖
用来擀翻糖。

10 奶油刀
用来切或者压翻糖。

11 毛刷
用来整形或者去除多余的点缀。

12 牙签和镊子
牙签用于添加食用色素和修改轮廓线，镊子用来放点缀。

13 筛子
用来把蛋白粉过筛。

14 测量勺和勺子
测量勺用来测量材料，勺子用来搅拌翻糖。

饼干的制作

这里介绍作为胚底的饼干的做法，可以使用市售的模具，
也可以使用自创的模具（详见P34）。

材料：

推荐的分量（30块8厘米大小的心形饼干）

无盐黄油	200克
细砂糖	160克
香草精	少许
鸡蛋	1个
低筋面粉	450克

烘焙前的准备工作：

- 鸡蛋放置常温，黄油室温软化
- 打好蛋液
- 低筋面粉过筛
- 烤箱预热至170℃

01 容器中放入在室温下软化的黄油，用打蛋器搅拌至奶油状。

02 在*01*中加入细砂糖和香草精并搅拌。

03 在*02*中分数次加入已打好的蛋液，并搅拌。

04 在*03*中分数次加入已经过筛的低筋面粉，并用橡胶铲子大致搅拌一下。

05 没有干面粉时即可用手揉，使面团成形。

06 把揉好的面团展平，用保鲜膜包好，放入冰箱冷藏1小时以上。

07 在台子上铺好油纸，用擀面杖压成5毫米左右的厚度。

08 用饼干模具压出形状。注意要按实了再取出饼干坯。

补充说明

不容易取模时，可在饼干模具上蘸上低筋面粉，这样比较容易脱模。

09 烤箱铁板上铺好油纸，有间隔地摆放好饼干。用预热至170℃的烤箱烤18~20分钟。饼干比较厚的情况下，可以多烤2~3分钟。

补充说明

为防止饼干在烘焙过程中膨胀变形，可以烤之前用叉子在饼干上扎一些孔。

10 饼干烤至上色之后取出，放置于网架上冷却。

小贴士 保存方法

▶饼干坯

饼干坯在冰箱中冷藏可保存1周左右。如果有余下的面团可用保鲜膜包好，放进密封袋密封，放入冰箱保存。

▶烤好的饼干

烘焙好的饼干要和干燥剂一起放入密封的容器中保存。烤好的饼干常温下可保存3周左右，但考虑到可能会影响口感，请尽快食用。

纸杯蛋糕的制作

这里介绍纸杯蛋糕的做法，很简单却非常好吃的蛋糕，
也可以加入可可粉来变化一下花样。

材料：

推荐的分量（12个小号蛋糕）

鸡蛋	2个	低筋面粉	140克
细砂糖	30克	发酵粉	5克
牛奶	40毫升	无盐黄油	14克
香草精	少许		

烘焙前的准备工作

- 黄油微波炉加热至融化（或隔热水融化）
- 鸡蛋、牛奶常温放置
- 低筋面粉、发酵粉过筛
- 烤箱180℃预热
- 在麦芬蛋糕模具中分别放入纸杯

01 容器中加入已在常温下放置的鸡蛋和糖，并用打蛋器搅拌。

02 在01中加入室温放置的牛奶和香草精。

03 搅拌。

04 在03中加入已过筛的低筋面粉和发酵粉。

05 一边旋转容器，一边搅拌，直至拌成顺滑的面糊。

06 在05中一点点地加入已融化好的黄油，并搅拌。

07 用硅胶铲子搅拌后，盖上保鲜膜放进冰箱冷藏1小时左右。

08 用勺子把07的面糊放入麦芬蛋糕的模具中，约八分满即可。也可以使用裱花袋。

09 在180℃的烤箱烤20分钟左右。

10 用竹扦扎一下蛋糕的中心部分，没有面糊粘上就烤好了。

11 放在网架上冷却。

小贴士 可可口味的纸杯蛋糕

材料：

推荐的分量（小蛋糕12个）

鸡蛋	2个
糖	130克
牛奶	40毫升
香草精	少许
低筋面粉	100克
可可粉	40克
发酵粉	5克
无盐黄油	140克

制作方法

烘焙方法和纸杯蛋糕相同。可可粉需要和低筋面粉、发酵粉一起提前过筛。可根据自己的喜好调配粉末，制作出不同口味的纸杯蛋糕。

白色翻糖的制作

这里介绍最基本的白色翻糖的制作方法，
可以根据不同的用途调整翻糖的硬度。

材料：
蛋白粉　　　　　　　5克
水　35毫升（2大勺+1小勺）
细砂糖　　　　　　225克

补充说明
细砂糖要掺入玉米淀粉，没有掺入
玉米淀粉的细砂糖比较容易结块。

01 容器中放入蛋白粉，并加入一撮细砂糖，这样比较不容易结块。

02 在01中加入水，用勺子搅拌。

03 细砂糖过筛后放入容器中，02过滤后加入其中。

04 用电动打蛋器搅拌5分钟左右。

05 搅打至翻糖出现光泽，拿起打蛋器时奶油的尖端比较坚固时就搅打好了。

补充说明
这本书使用的是蛋白粉。新鲜的蛋
清也可制作翻糖。将40克蛋清搅拌
匀，加入250克细砂糖，搅拌即可。

较硬
制作花朵和挤叶子的时候使用。用勺子盛起的时候有较坚固的角。

中等硬度
适用于在挤边缘线、眼睛、花纹时使用（详见P20）。

较软
用于涂抹一个区域（详见p24）或者平面的花纹时使用（详见P25）。用勺子盛起时会有流动感，在5~7秒之后痕迹消失。

补充说明

最开始一般先制作比较硬的翻糖，之后再做细微的调整。用勺子加入少量的水并搅拌就可以将翻糖变软。想让翻糖更硬时，一点一点地加入过筛的糖粉，并搅拌。

注意调整时要一点一点地加！

小贴士 翻糖的保存

▶**不立即使用的时候**
放入密闭的容器中，盖上略微潮湿的纸巾。上面再封上保鲜膜，放进冰箱冷藏保存。翻糖会逐渐地变软，最好4天左右用完。

▶**使用的时候**
在冰箱里保存的翻糖再次使用时，用电动打蛋器搅拌一下比较好。

彩色翻糖的制作

本节介绍彩色翻糖的着色技巧,
只要掌握着色的方法就可以调制自己喜欢的色彩。

材料:

白色翻糖（详见P12）　适量
食用色素　　　　　　适量

* 彩色的翻糖不能保存,因此只制作需要
　的量即可。

● **基本的着色方法**

01 取适量白色翻糖放入小容器中,用牙签蘸上食用色素,加入白色翻糖中。

02 用勺子搅拌至颜色均匀。注意尽量不要让空气进入。

03 整体颜色统一均匀的时候就完成了。

小贴士　这种时候如何处理?

▶**调节颜色**
想让颜色变淡时,在彩色翻糖中加入白色翻糖。根据色彩的深浅需要,在白色翻糖中一点点地加入彩色翻糖也是可以的。

▶**制作黑色的翻糖**
制作纯黑色翻糖时,使用黑色可可粉。在白色翻糖中一点点加入,进行调色。

01 在白色翻糖中先加入第一种食用色素，整体颜色均匀之后再加入第二种食用色素。

02 搅拌至整体颜色均匀。

03 两种颜色融合在一起之后就完成了。

补充说明

翻糖一旦干燥就会影响它的质感，因此在操作过程中容器上最好覆盖打湿的纸巾再封上保鲜膜。

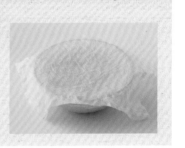

小贴士 惠尔通公司的翻糖色素

▶啫喱状的食用色素

此书使用的是惠尔通公司的翻糖颜色。即使使用少量颜色也很鲜亮，成品非常漂亮。啫喱状食用色素可以直接加入白色翻糖中使用。

▶使用量的参考

翻糖干了之后颜色就会变深，所以用牙签一点一点地混入比较好。

翻糖色号表

这个色号表介绍了此书所使用的颜色，
通过食用色素可以配出各种颜色，
这些颜色可以自由组合配出新的颜色。

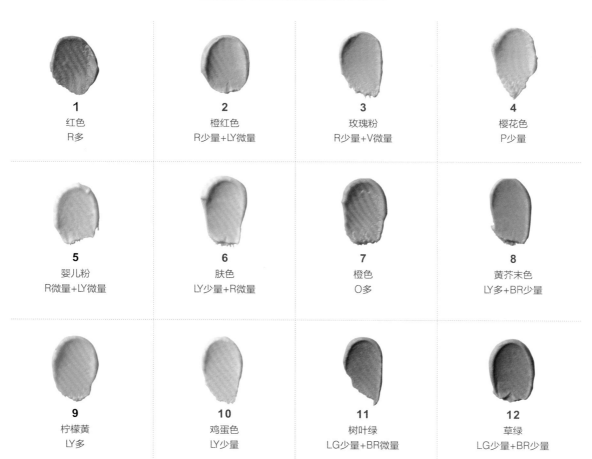

1
红色
R多

2
橙红色
R少量+LY微量

3
玫瑰粉
R少量+V微量

4
樱花色
P少量

5
婴儿粉
R微量+LY微量

6
肤色
LY少量+R微量

7
橙色
O多

8
黄芥末色
LY多+BR少量

9
柠檬黄
LY多

10
鸡蛋色
LY少量

11
树叶绿
LG少量+BR微量

12
草绿
LG少量+BR少量

● 颜色名下面备注的混色标准，是以20克白翻糖为剂量参考。多是指牙签尖端2厘米左右，少量是指牙签尖端1厘米左右，微量是指牙签尖端0.5厘米左右

● 以下使用的是惠尔通的翻糖
- 红色（R）
- 橙色（O）
- 柠檬黄（LY）
- 粉色（P）
- 天蓝（SB）
- 宝蓝（RB）
- 叶绿（LG）
- 紫罗兰色（V）
- 棕色（BR）
- 黑色（BK）

● 制作白色翻糖时不用加食用色素，制作黑色翻糖需要加入黑可可粉（详见P14）

13 苔藓绿 LG多+BR少量	**14** 翡翠绿 RB少量+LY微量	**15** 水晶蓝 SB少量+LY微量	**16** 冷蓝 RB少量
17 天蓝 SB少量	**18** 海蓝色 RB多+BL少量	**19** 紫色 V多	**20** 淡紫色 V少量
21 灰色 BK微量	**22** 焦糖色 BR少量+LY少量	**23** 棕色 BR多	**24** 深棕色 BR多+BK少量

裱花袋的制作

裱花袋是制作翻糖时不可缺少的工具，牢牢地记住它的做法吧。
此书在使用裱花嘴时也会用到这款裱花袋。

材料：
20cm × 20cm的油纸
或者OPP纸（图片中为了让
大家看得更清楚，用粉色的
纸张来替代）
剪刀

补充说明

使用OPP纸时，到05为
止顺序是一样的，之后在
裱花袋接口处剪开切口并
用胶带固定。

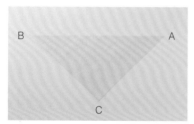

01 油纸（OPP纸）对折剪开，如图放置。

02 从A朝C的方向，向内卷一圈。

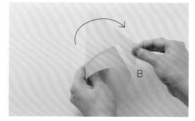

03 B从上面卷过去，关键点是尽量不要使中间有缝隙。

04 如图所示A和B向两侧滑动，一点点和C重叠，这样可以让裱嘴更加牢固。

05 到*04*折好之后，向内侧折叠两次。

06 在折叠的部分刻两处痕迹，中间的部分再向外折叠，就完成了。

裱花袋的用法

裱花袋做好之后,把翻糖放在里面。
确认好裱花袋的开口,这样准备工作就完成了。

需准备的物品

裱花袋
翻糖
勺子
胶带
剪刀

＊ 此书中往裱花袋中放入翻糖时会使用到
　　勺子

01　勺子取适量翻糖,放入裱花袋的最前面。用手指压住勺子,注意不要让裱花袋变形,同时慢慢地抽出勺子。

02　慢慢排出空气的同时,把裱花袋上面折叠。

03　如图所示左右两侧向内折叠。

04　折叠到03之后,从上向下再折叠几次,并用胶带固定。

05　根据所需要翻糖的粗细,用剪刀平直地剪开裱花袋的前端。

补充说明

裱花袋的前端剪好之后,要注意防止翻糖变干,可以用轻轻打湿的纸巾夹住开口处。

翻糖的基本技巧

做好准备工作之后，就可以试着挤出翻糖看看。
这里会向大家介绍直线、点点和水滴形等基本的画法。

需要准备的物品
装好翻糖的裱花袋（详见P19）

＊在饼干、蛋糕上进行裱花之前，请先在油纸上进行练习哦　　＊直线、曲线、点点和水滴的画法请参考P20～21
＊翻糖的硬度请参考P13　　＊底的涂抹方法请参考P24

● 基本的拿法　　首先要掌握好裱花袋的拿法

01 拿裱花袋时要用拇指捏住折痕处。

02 左手轻扶右手起到稳定的作用，这样画的时候会比较平稳，易操作。

补充说明

错误示范

拿住裱花袋的前端或者两侧，这样看似比较好画，其实是错误的拿法。

● 直线的画法　　画直线的要点：握住裱花袋悬空的同时挤出翻糖

01 裱花袋的前端要接触底面，提起裱花袋。

02 用力均等地挤出，并移动画线。移动裱花袋的速度和挤出时的力量保持平稳，这样就可以画出漂亮的直线。

03 直线结束的时候，裱花袋的头蘸着翻糖提起。全过程裱花袋的前端都不要接触到底面。

短的曲线不需要拿高裱花袋，长曲线和直线一样，需要拿高裱花袋来画

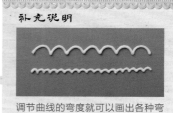

01 裱花袋的头接触底面，不需要抬高，略微悬空的状态来画。

02 一段一段地画，不需要用很大的力气，保持稳定的力量和速度来画就可以了。

补充说明

调节曲线的弯度就可以画出各种弯度的曲线。画曲线时尽可能保持统一的弯度，这样会画出漂亮的曲线。

● **点点的画法** 画圆点或者花心会使用点点的画法，保持点点大小一致是关键所在

01 裱花袋的头轻轻接触底面，不要动，直接挤出所需要的大小。

02 如同画圆一般在表面用裱花袋的头旋转，然后离开翻糖。这样不容易出尖角。

补充说明

如果出现了尖角，可以用毛笔润湿笔尖，然后按压一下。

● **水滴的画法** 改变画点点的结束方法，就可画出水滴形

01 和画点点一样，裱花袋的头轻触底面，保持不动，直接挤出需要的大小。

02 减轻挤压的力度，朝想描画的方向移动裱花袋。裱花袋的头接触底面，同时切断翻糖，水滴就画好了。

03 挤压一圈水滴形，在中间画上点点就成了花朵。

● **蕾丝边的画法（1）** 细腻的蕾丝边画法需要用到直线和曲线画法的结合

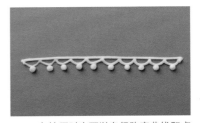

01 挤压出直线，沿着直线的内侧画出小的曲线。

02 沿着曲线再一个个地挤压出点点。

03 在挤压时也可以自行改变曲线和点点的大小。

● **蕾丝边的画法（2）** 两个相同的图案组合在一起也会很可爱的

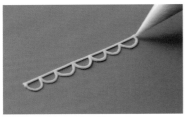

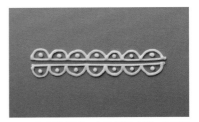

01 挤压出直线，沿着直线的内侧画小曲线。

02 曲线的里面分别画出一个个的点点。

03 相同的图案，上下倒置来画。也可以尝试用其他的蕾丝图案。

● **蕾丝边的画法（3）** 有心形元素的图案（大家可以根据自己的喜好去设计改编）

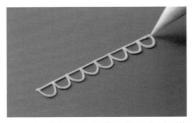

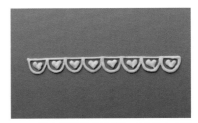

01 挤压出直线，沿着直线的内侧画曲线，注意要调整曲线的大小以便接下来可以在内侧画出心形。

02 在曲线的内侧分别画出一个个心形。

03 重点是要注意曲线和心形的大小要相配。

● **叶子的画法**　画叶子时的重点在于使用裱花袋的技巧

01　裱花袋的前端用手指轻轻按压一下，剪成V字形。按照如图所示的方向挤压。

02　裱花袋的前端接触底面同时挤压，轻轻用力朝向想描画的方向延伸，便可以画出线条简单的叶子。

03　稍微挤压出一些翻糖，将裱花袋的前端朝向描画的起始处，反复往返几次，便可以画出有锯齿的叶子。

● **贝壳状裱花的画法**　这是一种常用于装饰饼干边缘的技巧

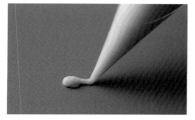

01　和水滴型裱花一样，把翻糖挤成圆形后减轻力度，将裱花袋拉向想画的方向。

02　在将01的末端盖住的位置，用一样的方法挤第二个。

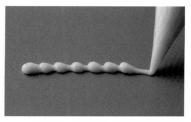

03　注意用一样的力度，有规律地挤翻糖。

● **折线的画法**

01　调整好幅度，上下移动画出z形折线。

小贴士　文字的画法

▶连在一起画

将连笔字画好的技巧是将移动裱花袋的速度和挤翻糖的力度保持均匀。连笔字以外的字体，应该一笔一画仔细地描画。

● **饼干底的涂抹方法** 饼干底坯的涂抹，这是西点装饰的基础

01 沿着饼干的形状，用白色中等硬度的翻糖来描画边缘线，并晾干，大概放置5分钟。

02 裱花袋内放入较软的翻糖，沿着边缘线从外侧开始勾画。

补充说明

以覆盖边缘线的方法来勾画，这样成品会比较有立体感。

03 用翻糖填满02的内侧。

04 手持裱花袋边画小圈边尽量无缝隙地填满饼干底。

05 如果有不均匀的地方，拿起饼干轻轻晃动即可。

● **纸杯蛋糕的涂抹方法** 表面坑洼不平的纸杯蛋糕，一般会用勺子来涂抹翻糖

01 用勺子取较软的翻糖，并放在纸杯蛋糕的中间。

02 用勺背均匀地涂抹开，待其慢慢渗透。以稠稠的翻糖可以缓慢流下的状态为佳。

03 整体涂抹好翻糖，最好可以遮盖住蛋糕的边缘部分。放置待干。

● 平面图案的画法　和饼干底融为一体的平面图案

01　涂饼干底。

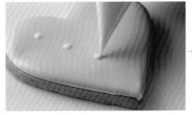

02　在01还没有干之前，用较柔软的翻糖挤出点点。该翻糖的硬度要和饼干底层的翻糖的硬度大致相同。

补充说明

错误示范

如果翻糖和饼干底的硬度不同，图案就不会很好地融为一体。如果翻糖的硬度比饼干底软，干了之后就会凹陷进去。

● 立体图案的画法　想要打造立体的图案，就在饼干底干了之后再画就可以了

01　涂抹饼干底，放置至全干。

02　待01全干之后，用中等硬度的翻糖，挤出点点。

补充说明

错误示范

如果在饼干底没有完全变干时就画图案的话，会凹陷下去。

小贴士　精美装饰的小秘诀

▶细微的部分
饼干细微的部分，在涂抹时要用裱花袋一点点地涂。

▶图案的分配
在勾画图案时要考虑到整体的平衡，边缘处也要画上图案。

● **条纹的画法**　用直线的组合来画条纹吧

01 涂饼干底，在没有干的时候，用较软的翻糖来画第一种颜色的直线。

02 在第一种颜色直线的中间，用较软的第二种颜色的翻糖画直线。

03 间隔大小统一成品才会很漂亮。如果想要打造立体感的图案，就要在饼干底干了之后，用中等硬度的翻糖来画。

● **格子的画法**　把条纹画法改编一下就可以成为格子图案了

补充说明

第二次画线，要等饼干底完全干了之后，再用中等硬度的翻糖来画，这样画出来的图案会更有立体感。第一种颜色画平面的，第二种颜色画立体的。

01 涂饼干底，在没有干的时候，用较软的第一种颜色的翻糖来画直线。

02 轻微移动一下饼干的位置，画和*01*的线交织的直线，使用第二种颜色较软的翻糖来画。

● **大理石图案的画法**　大理石图案会营造出一种唯美的氛围

01 涂饼干底，趁还没有干的时候，用较软的翻糖横向画三条直线。

02 在*01*还没有干的时候，用牙签在三根线之间从左侧开始画圈。

03 这本书介绍了花朵图案（参考P43）羽毛图案（参考P57）等各种各样的大理石图案的画法。

裱花嘴的用法

使用裱花嘴将翻糖挤出各种形状。

裱花嘴不仅可以用来做曲奇饼干，在制作花朵时（参考P28）裱花嘴也会大显身手。

● **本书主要使用的裱花嘴** ＊ 这三种以外的裱花嘴，会在之后用到的地方进行介绍

玫瑰花裱花嘴
画花瓣和花边时使用。
#101、#102等，编号越大裱花嘴的直径也越大。

星星裱花嘴
可以挤出星星形状，若干星星形状连接在一起可以组成贝壳线。使用#13、#14号裱花嘴。

花朵裱花嘴
比星星裱花嘴的齿更多，给人柔和华丽的印象。可以挤出圆圆的花朵，也可以做出独角兽的毛发。使用#16、#18、#22号裱花嘴。

01　裱花袋的前端部分剪掉2厘米左右，以便可以让裱花嘴露出1厘米。把裱花嘴装在裱花袋做参考之后再剪会比较简单。

02　用勺子把翻糖放进裱花袋的前部。手按着勺子慢慢地抽出，注意不要让裱花袋变形。

03　注意不要让空气进入，把裱花袋封口并用胶带固定（参考P19）。和没有安装裱花嘴时一样，要拿着裱花袋的封口处。

贝壳线 ＊ 使用花朵裱花嘴
画贝壳线（参考P23）的重点是要保持大小一致、用相同的力度和速度。

螺纹线 ＊ 使用花朵裱花嘴
保持一定的间隔，上下移动画出螺纹线。

玫瑰型 ＊ 使用花朵裱花嘴
挤出翻糖，像画小圆一样画出螺旋的形状。注意不要挤出大圆。

不描绘图案也可以做到的简单装饰

感觉画图案很难或手笨画不好，那么推荐用画好花瓣后再粘合的装饰方法。
根据自己的喜好使用装饰配件吧。

（1）花朵装饰配件

最推荐的就是花朵配件。即使是只有花朵做装饰，也会有精
美豪华的氛围。一次性多做一些会很方便，存放时避免高温
潮湿，可以保存1个月左右。

材料：
推荐的分量

糖粉（含玉米淀粉）	225克
蛋白粉	1大勺
水	2~3大勺

＊ 根据季节和环境可以做适当的调节

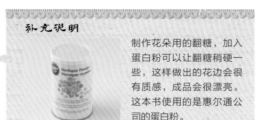

补充说明

制作花朵用的翻糖，加入
蛋白粉可以让翻糖稍硬一
些，这样做出的花边会很
有质感，成品会很漂亮。
这本书使用的是惠尔通公
司的蛋白粉。

需要准备的物品
容器　电动打蛋器
裱花袋　裱花嘴　花托
4厘米×4厘米油纸

01　糖粉和蛋白粉放进容器中，加入水。

02　用电动打蛋器充分搅拌。

03　搅拌至出现光泽，在提起打蛋器时，
出现小尖角就可以了。放进安装好裱
花嘴的裱花袋中使用。

● **单层花瓣的花朵**　最基础的花朵（也可尝试做五瓣的花朵）＊使用玫瑰花裱花嘴

01　在花托上挤出少量翻糖，在上面放上油纸。

02　裱花嘴比较粗的一端朝下放在中间，较细的一端悬起3毫米左右。裱花嘴呈45度角握住，以此为中心轴一边挤一边把花托向左旋转。

03　用轻微润湿的笔刷调整中心部分，也可以在花朵的中心部分做一些装饰。

● **双层花瓣的花朵**　重叠的花朵给人以华丽的感觉＊使用玫瑰花裱花嘴

01　和单层花瓣的花朵一样。

02　在第二层挤3枚花瓣。从第一层花瓣和花瓣的间隙开始挤比较美观。

03　用润湿的毛笔调整花瓣的粘合处，也可以在花瓣中间放装饰。

● **雏菊**　纤细的花瓣可以打造出氛围完全不同的花朵＊使用玫瑰花裱花嘴

01　裱花嘴比较粗的一端朝下放在花托的中间。以此为中心上下略微移动并挤出翻糖。同时把花托向左旋转。

02　第二片花瓣之后，裱花嘴要放在前一片花瓣的后面，同法做9片花瓣。

补充说明

花心部分在粘合装饰配件时制作，这样可以和底色相呼应。黄色的花朵中间配棕色的翻糖，再撒上糖粉就是向日葵。

（2）剩余材料制作的装饰配件

把剩余的翻糖有效地加以利用，按照模版临摹图案，并制作成装饰配件，这是值得推荐的方法。做出自己喜欢的配件并好好保存吧。

需要准备的物品
图案帖　OPP纸　胶带
放入了翻糖的裱花袋

01 在图案贴上放置OPP纸，并用胶带固定。

02 用中等硬度（参考P13）的白色翻糖临摹图案，画出边缘线。

03 用较软的（参考P13）彩色翻糖沿着边缘线来涂。以覆盖边缘线的形式来涂，这样成品比较有立体感。

04 以覆盖边缘线的形式来涂，成品会有立体感。

05 放置1天至全干。使用的时候用抹刀从OPP纸上取下。

补充说明

做好的剩余材料配件，带着OPP纸和干燥剂一起放入密封容器内，避免高温潮湿，可以保存1个月左右。

● **剩余材料装饰配件的临摹图案**

P53
骨头纸杯蛋糕配件

P53
贵宾犬饼干配件

P55
胡萝卜纸杯蛋糕配件

P59
月亮纸杯蛋糕配件

P65
餐具纸杯蛋糕配件

P65
餐具纸杯蛋糕配件

P75
星星纸杯蛋糕配件

P77
小鬼饼干配件

P77
蜘蛛网纸杯蛋糕配件

P89
围嘴饼干配件

小 贴 士　装饰配件的粘接方法

▶ **基础粘接法**

在饼干或者纸杯蛋糕上涂底色，晾干。在装饰配件的后面涂上中等硬度的白色翻糖，粘合在纸杯蛋糕上，调整好位置。花朵装饰配件和翻糖膏装饰配件也用同样的方法来粘合。

（3）翻糖膏装饰配件

使用翻糖膏会让制作出来的装饰配件更加有立体感。

材料：
推荐的分量

翻糖膏粉	200克
水	20毫升（1大勺＋1小勺）

补充说明

多余的翻糖膏用保鲜膜包好放进密封袋，冰箱冷藏保存，可以保存1个月左右。

需要准备的物品

容器　橡胶铲子　牙签
油纸　小擀面杖　抹刀

01 容器中加入翻糖膏粉、水，用橡胶铲子搅拌。

02 融为一体之后用手揉。

03 揉成团之后再反复揉。

04 用两手抻拉一下，如果可以柔软地拉长，就完成了。

05 取所需的翻糖膏用牙签涂食用色素。

06 拧成麻花状再拉伸，重复此动作，直至颜色充分融合。

● 蝴蝶结装饰配件的做法　做P49的纸杯蛋糕和P91饼干时会使用的装饰配件

01 在操作台上平铺油纸，用小擀面杖将已经着色的翻糖膏擀平。厚度以2毫米左右为准。

02 用尺子划上印痕，用抹刀垂直划开。朝向自己的方向划会比较容易切开。

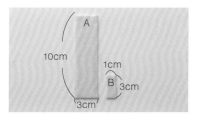

03 切开，分成两个装饰配件。

04 把A的两端做山折，使它成为M形。

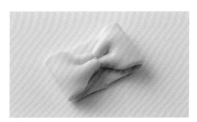

05 折成一个圈状，并把折成M形的两端放置在A的中间。

06 整理一下A的中间部分，并用B包起来。用手指轻轻按压，中间略微细一些，这样蝴蝶结的形状会更好。

● 使用模具的装饰配件　介绍使用硅胶模具制成的装饰配件

01 取少量翻糖膏，放入模具，尽量不要有缝隙。

02 趁翻糖没有干时从模具中取出，放置一天至全干。

补充说明

硅胶模具有很多种类。这本书使用的是蝴蝶结、贝壳、羽毛等。收集一些你喜爱的模具吧。模具可以在出售糖工艺用品的商店购买。

原创饼干模具的制作方法

使用P93~95的图案帖,可以制作原创饼干模具。
尝试着制作你喜爱的饼干模具吧。

需要准备的物品

图案帖(P93~95)的复印件　塑料片
油性笔　剪刀　刀　饼干面团(详见P8)

01 图案帖按照所需要的大小复印。在复印好的图案上放置塑料片并固定,用油性笔临摹。

02 沿着线的内侧剪下来,洗干净。

03 把饼干面团擀平展放上02,沿着图案的边缘用刀划出形状。

04 拿掉图案帖,去除周围的饼干面团。和普通的饼干一样烘焙即可(参考P9)。

补充说明

饼干面团在冰箱冷藏后再使用会比较容易切割。切的时候垂直入刀,成品更加漂亮。

第二部分

花朵主题的翻糖

用五颜六色的花朵为饼干、纸杯蛋糕做装饰，
给人色彩鲜艳华丽的印象，适合作为礼物。

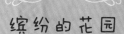

缤纷的花园

让人心动的、细腻而有女人味的纸杯蛋糕。
只要涂好底色，再点缀上花朵配饰，
这样简单的装饰就完成了。
关键在于使用各种颜色的装饰配件。

花朵纸杯蛋糕

纸杯蛋糕…P10
湿糖

黄色（10号：较软）的底色
点缀…小糖粒（黑色）
装饰配件：罂粟花（大）…1号，白色
单层花瓣的花朵…2号，16号，20号
白色（全部较硬）

水蓝色（16号：较软）的底色
点缀…小糖粒（黑色）
装饰配件：双层花瓣的花朵…7号，
10号
雏菊（粉色）…4号
单层花瓣的花朵（2个）…10号
（全部较硬）

紫色（20号：较软）的底色
点缀…小糖粒（黑色）
装饰配件：双层花瓣的花朵…9号，
19号；单层花瓣的花朵（大）…20
号，白色；单层花瓣的花朵（小）…4
号，9号（全部较硬）

粉色（4号：较软）的底色
装饰配件：雏菊（大）…白色
雏菊（小）…19号
单层花瓣的花朵…4号，14号
（全部较硬）

绿色（14号：较软）的底色
点缀…小糖粒（黑色）
装饰配件：双层花瓣的花朵…P多，
白色
双层花瓣的花朵…2号
单层花瓣的花朵…9号，20号
（全部较硬）

叶子：11号（较硬）
花心：雏菊（白色、紫色）
单层花瓣的花朵（水蓝色、粉色、紫
色、绿色）…9号
雏菊（粉色）…20号
单层花瓣的花朵（黄色）…2号（全
部中等硬度）
裱花嘴：雏菊（小）、单层花瓣的花
朵…玫瑰花裱花嘴#102
雏菊（大）、双层花瓣的花朵…玫瑰
花裱花嘴#103

做罂粟花

01 红色罂粟花使用1号翻糖，第一层做5片花瓣，第二层做3片花瓣。

02 红色罂粟花的中心挤白色偏硬的翻糖。

03 趁02没完全干时用牙签在四周粘上小糖粒。牙签尖沾水会比较易操作。

做粉色花朵

做紫色花朵

04 裱花袋装上玫瑰花裱花嘴#103，宽口部分放入较硬的白色翻糖，细口部分放入深粉色的翻糖。

05 第一层9片花瓣，第二层5片花瓣。趁没有完全干的时候粘上蓝色小糖粒。

06 裱花嘴宽口部分放入19号，细口部分放入9号。做出紫色黄色渐变的花朵，在中心粘上黑色的小糖粒。

07 将花朵放在用较软的糖粉涂好底色并已干燥的纸杯蛋糕上。粘合装饰花朵，从大朵的花开始，注意调整好整体的位置（参考P31）。

08 装饰花朵的缝隙用较硬的11号翻糖挤出叶子（参考P23）

09 放置干燥就完成了。其他的纸杯蛋糕也是同样的方法制作。

补充说明
"10号"指编号为10的翻糖色号，
（参见P16、P17），下同。

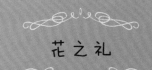

花之礼

在饼干上用花朵来装饰，就好像是真的花束、花环一样。
根据喜好设计花朵的形状和色彩，
将会是一个非常棒的礼物。

花环

饼干…P8／圆形
点缀：小糖粒（黄色）
翻糖
水蓝色（16号：较软）的底色
装饰配件：雏菊…4号，20号，白色
单层花瓣的花朵…2号，白色
双层花瓣的花朵（小）…1号（较硬）
点点、文字：P偏多，10号（中等硬度）
粉色（5号：较软）的底色
装饰配件：雏菊…4号，白色

单层花瓣的花朵（5片花瓣）…
4号，20号，V偏多+R微量；
单层花瓣的花朵…20号，V少量
+RB微量（全部较硬）
点点、文字：10号，2号（中等
硬度）
叶子：11号（较硬）
花心：10号（中等硬度）
裱花嘴：玫瑰花裱花嘴#102
＊花朵装饰配件事先做好。

01 饼干用较软的翻糖涂色，干
了之后再粘合装饰花朵。
花朵之间的缝隙用偏硬的
11号翻糖挤出叶子（P23）。

02 在饼干中间用中等硬度的
翻糖写文字。空隙挤出一
些点点来点缀。另外一个
也用同样方法制作。

薰衣草花篮

饼干…P8／图纸P93
翻糖
花篮：10号（花篮底部较软、把手
部分较硬）
蝴蝶结：3号（较软），10号（中等
硬度）
花：19号（中等硬度）
叶子：11号（中等硬度）
文字：20号（中等硬度）
裱花嘴：星星裱花嘴#14

01 用10号较软翻糖涂花篮里
面的底色，放置待干。

02 除了蝴蝶结中间部分外，
先用3号翻糖涂色，待干
燥后，再涂中间部分，这
样会有立体的质感。干燥
之后用中等硬度的翻糖画
点点。

03 用11号翻糖画花茎，然后
用19号画薰衣草，11号画
叶子。花篮的部分用20号
书写文字。

玫瑰捧花

饼干…P8／连衣裙形（烘焙之前做
好形状）
装饰配件：a…翻糖膏（RB少量+
LY微量）
b…翻糖膏（P多）事先做好蝴蝶结
装饰配件（参考P33）
翻糖
底色：白色（较软）
花：a…3号，4号，20号
b…5号，10号，16号（全部较硬）
叶子：11号（较硬）
裱花嘴：裱花嘴#18

01 用较软的白色翻糖涂底色，
放置干燥。使用裱花嘴
#18，将较硬的翻糖均衡
地挤出玫瑰花。

03 11号翻糖做出叶子。粘合
蝴蝶结装饰配件。中等
硬度的翻糖均衡地挤出
点点。另外一个也同样方法
制作。

补充说明

"P多"指的是翻糖
色号，（参见P16～
17），下同。
"硬""较硬""较
软""中等硬度"指翻
糖膏的硬度。

心形饼干上镶嵌立体的花朵装饰配件，
大理石花纹以及各种各样的花朵主题，
即使只是看看也会让人心动。

d

e

铃花心形

饼干…P8／心形
装饰配件: 用翻糖膏（P多）事先做好蝴蝶结装饰配件。
翻糖
底色: a…4号; b…16号（较软）
叶子: 11（中等硬度）
花: 白色（较硬）
文字: a…10号; b…P多（中等硬度）
点点: a…20号; b…10号（中等硬度）
裱花嘴: 树叶裱花嘴#67、#81

01 较软的翻糖涂底色，放置干燥。使用#67裱花嘴、中等硬度的11号翻糖画出叶子。

02 用11号翻糖在01的叶子上面画出花茎。使用#81号裱花嘴，用白色翻糖挤出花朵。

03 用白色翻糖在花朵的边缘挤出点点。在花茎粘合处装饰蝴蝶结配件。挤出点点，书写文字。另一个也同样方法制作。

摹绘版心形

饼干…P8／图纸P93
点缀: 糖粒（小）…粉色、银色、绿色
翻糖
装饰配件: 单层花瓣的花朵…14号（较硬）
底色: 16号（较软）
摹绘版: 4号（较硬）
边缘: 10号（中等硬度）
花心: P偏多（中等硬度）
裱花嘴: 玫瑰花裱花嘴#102
＊事先做好花朵装饰配件（参考P92）

01 用16号较软的翻糖涂底色，放置干燥。全干之后在上面放上摹绘版。

补充说明

摹绘是先将图案在纸样上用刀刻下来，再用翻糖进行上色的一种方法。所需工具可以在烘培用品店购买。

02 按住摹绘版，用勺子取4号较硬的翻糖放在上面。

03 一边按紧摹绘版，一边用抹刀把02的翻糖均匀地抹平。

04 整体的翻糖均匀之后，慢慢取下摹绘版。

05 用中等硬度的翻糖沿着饼干的边缘画贝壳线（参考P23）。

06 趁04还没全干时，用串珠夹子放上小糖粒。粘合花朵装饰配件，并用深粉色翻糖画出花心。

镂空心形

饼干…P8／图纸P93
点缀: 小糖粒（黑色）
翻糖
底色: P多（中等硬度）
装饰配件: 双层花瓣的花朵…10号, 19号
雏菊…20号
单层花瓣的花朵…2号, 10号, 14号（全部硬）
花心: 4号, 10号（中等硬度）
叶子: 11号（较硬）
蕾丝图案: 白色（中等硬度）

裱花嘴: 双层花瓣的花朵…玫瑰花裱花嘴#103;
雏菊、单层花瓣的花朵…玫瑰花裱花嘴#102
＊花朵装饰配件事先做好（参考P29）

01 用中等硬度的深粉色翻糖（P多）涂底色, 干燥之后用翻糖粘合装饰配件。用中等硬度的翻糖画出花心, 装饰配件的间隙用11号翻糖画叶子。

02 用中等硬度的白色翻糖画若干"コ"字形, 并连接成图案。

大理石玫瑰

饼干…P8…心形
翻糖
底色: c…白色, d…16号, e…10号（全部较软）
花: 1号, 4号（全部较软）
叶子: 13号（较软）
边缘: c…14号, d…10号, e…20号（全部中等硬度）
点点: c…3号, d…白色, e…14号（全部中等硬度）

01 用较软的翻糖涂底色, 趁没有全干的时候, 用1号较软的翻糖画花朵, 在花朵的内侧用4号较软的翻糖再画小一圈的花朵。

02 用牙签画螺旋形, 组成玫瑰花的图案。以同样的方法在饼干上画其他玫瑰花。

03 用13号翻糖画椭圆。用牙签在叶子中间从内向外画线。干了之后, 在边缘挤出贝壳线（参考P23）和点点。

蕾丝的花朵胸针

饼干…P8／心形
点缀: 小糖粒（黄）
翻糖
底色: 10号（较软）
蕾丝: 白色（中等硬度）
装饰配件: 三色堇（单层花瓣花朵）…9号, 19号; 雏菊…白色; 双层花瓣花朵…V偏多+R少量（全部较硬）
叶子: 11号（较硬）
花心: 10号（中等硬度）
裱花嘴: 玫瑰花裱花嘴#102

 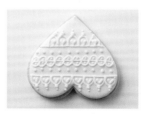

01 较软的10号翻糖涂底色, 完全干燥之后, 用中等硬度的白色翻糖在饼干的中间画线, 下半部分画蕾丝图案（参考P29）。

02 上半部分画蕾丝图案。饼干上下颠倒放置较容易画。干燥后粘合装饰配件, 中等硬度的10号翻糖画花心, 11号翻糖画叶子。

白三叶草胸针

饼干…P8／椭圆形
配件: 事先用白色的翻糖做出雏菊形状的配件备用。
翻糖
配件: 11号（较硬）
底色: 20号（较软）
点点: 白色（中等硬度）
裱花嘴: 玫瑰花裱花嘴#102
＊花朵配件事先做好备用（参考P29）

専栏2

简单方便的点缀材料

下图是可以为成品增色的点缀材料，在翻糖没有干的时候点缀上去。
有各种形状，各种颜色，根据自己的喜好去使用吧。

1 心形
小糖粒的一种，可以作为长颈鹿宝宝的领结（参考P49）或鱼缸里的金鱼来使用（参考P74）。

2 珠子糖粒
有亮闪闪的光泽，有银色、粉色、蓝色等各种颜色和不同的大小。

3 细长糖粒（彩虹）
小糖粒的一种，有细长的形状和鲜艳的色彩。

4 银箔糖粉
在颗粒极细的糖粉中掺入了银箔，可以增加成品细腻的光泽感。

5 点缀糖粒（薄荷）
有柔和的色调，在做圆筒冰激凌时使用（参考P67）

6 水果混合软糖
色彩鲜艳的软糖装饰材料，点缀一下就会使成品丰富多彩。

7 糖粉巧克力豆
小糖粒的一种，特征是颗粒极小，做啤酒沫（参考P85）等时使用。

8 莫奈
小糖粒的一种，有着非常浅的色调，使用它会给人以成熟的印象。

第三部分

动物主题的翻糖

表情非常丰富的小动物们，
其中任何一种都是很受欢迎的图案。
无论是大人还是孩子，看到它都会自然地露出笑容。

a

小动物

猪妈妈猪宝宝，小鸭子，小羊，小象和长颈鹿宝宝等，
用翻糖表现出它们各自的毛色和特征。

猪妈妈猪宝宝

饼干…P8／图纸P93
装饰配件：用14号翻糖膏事先做好蝴蝶结装饰配件（参考P33）
翻糖
底色（身体、耳朵、鼻孔、尾巴）：R少量+LY微量+BR少量（身体较软，其他部分中等硬度）
鼻子：R少量+LY微量+BR微量（中等硬度）
眼睛、睫毛：白、黑（中等硬度）

01 用较软的翻糖分别涂脸和身体，干燥之后用中等硬度的翻糖画耳朵和鼻子。猪宝宝的屁股标记"1"的部分用较软的翻糖涂。

02 待01干燥之后，标记"2"的部分用较软的翻糖涂。这样分别涂色可以使成品更加饱满和有立体感。

03 中等硬度的翻糖画尾巴、眼睛、睫毛和鼻孔。蝴蝶结装饰配件用翻糖粘合。

小象

饼干…P8／小象形
翻糖
底色：16号（较软）
坐垫：1号，2号，9号（全部较软）
眼睛、嘴：黑色，4号（中等硬度）
装饰：4号，9号（中等硬度）

01 用较软的16号翻糖涂身体，用较软的2号翻糖涂坐垫。

02 趁01还没有全干的时候用1号翻糖在坐垫上画上条纹，用较软的9号翻糖在条纹中间画点点。

03 用16号翻糖画耳朵。中等硬度的9号翻糖在坐垫的边缘画点点，用4号在下面画小点点。用黑色翻糖画出眼睛。

小鸭子

饼干…P8／图纸P93
翻糖
底色（脸、身体、鸭子嘴、翅膀）：10号，BR少量+LY偏多，LY偏多（全部较软）
脸颊：4号（较软）
蝴蝶结：1号（较软），14号（中等硬度）
脚：22号（较软）
鸭子嘴：22号（中等硬度）
眼睛：黑色（中等硬度）

01 用10号翻糖涂脸和身体。用4号涂脸颊，暗黄色涂鸭子嘴，用22号涂左边的脚，干燥后再用22号涂右边的脚，深黄色涂翅膀。

02 1号翻糖涂除了蝴蝶结之外的上半部分。干了后涂下半部分和蝴蝶结部分。成品饱满和有立体感。

03 用较软的22号翻糖画出鸭子嘴的边缘线，用14号翻糖在蝴蝶结上画点点。再用黑色的翻糖画眼睛。

长颈鹿宝宝

饼干…P8/长颈鹿形
点缀：小糖粒（心形）…2片
翻糖
底色：10号、22号（全部较软）
尾巴：9号（中等硬度）
毛发、鼻子、耳朵、斑纹、尾巴尖：
22号（中等硬度）
眼睛：黑色（中等硬度）
蝴蝶结：19号（中等硬度）

 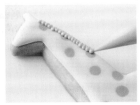 

01 较软的10号翻糖涂底色，趁没干之前用22号翻糖画图样。

02 待 *01* 干了之后，用22号翻糖画毛发，用9号画出尾巴的线条，用22号画尾巴尖、鼻子、耳朵和斑纹，再用黑色画眼睛。

03 粘合心形糖粒，用19号翻糖画出蝴蝶结的打结部分，完成。

小羊

饼干…P8/图纸P93
点缀：糖粉巧克力豆
翻糖
装饰配件：单层花瓣的花朵…20号（硬）
底色：4号，白色（全部较软）
嘴和蝴蝶结、鼻子、眼睛：1号，22号，黑色（全部中等硬度）
边缘线：白色（中等硬度）
花心：10号（中等硬度）
裱花嘴：玫瑰花裱花嘴#102
＊先做好花朵装饰配件（P29）。

01 用较软的白色翻糖涂脸和脚，4号涂耳朵。干燥之后用白色涂头和身体。

02 趁 *01* 没有干时，用勺子在头和身体的部分撒上糖粉巧克力豆，撒满之后，把饼干倾斜抖掉多余的巧克力豆。

03 用中等硬度的白色翻糖画边缘线。画眼睛和鼻子，粘合花朵装饰配件。用中等的10号翻糖挤出花心。

蝴蝶结纸杯蛋糕

纸杯蛋糕…P10
配件
用翻糖膏（a…LY少量，b…LG少量，c…P少量）做好花朵装饰配件
翻糖
底色：a…14号，b…4号，c…10号（全部较软）
点点：a…P多，b…10号，c…14号（全部中等硬度）

01 用较软的翻糖涂底色，放置干燥。

02 用翻糖将蝴蝶结装饰配件粘合在纸杯蛋糕上。

02 中等硬度的翻糖均衡地画若干点点。另外两个也用同样方法制作。

乖巧的小猫

大家都喜欢的猫咪主题，只要花纹稍作改变，
就可以做出各种形象的猫咪。
这里介绍两种很受欢迎的主题。

猫咪

饼干…P8／猫咪形
翻糖

暹罗猫
底色：白色，23号（全部较软）
鼻子、耳朵：4号（中等硬度）
胡须：22号（中等硬度）

虎猫
底色：22号，23号（全部较软）
鼻子、耳朵：4号（中等硬度）
胡须：黑色（中等硬度）

三色猫
底色：23号，白色，黑色（全部较软）
胡须、耳朵：4号（中等硬度）
鼻子：22号（中等硬度）

黑猫
底色：白色，黑色（全部较软）
鼻子、胡须：22号

眼睛：16号，黑色，白色（中等硬度）
嘴、蝴蝶结：1号（中等硬度）

01 暹罗猫的身体用较软的白色翻糖来涂，用22号涂爪子、耳朵、嘴的底色。

02 虎猫用较软的22号翻糖涂底色，趁没有干的时候，用23号画条纹图案。

03 三色猫用白色翻糖涂底色。趁没干时，用23号画右边的耳朵，在身体上随意画花纹。用黑色翻糖涂左边的耳朵。

04 黑猫用黑色的翻糖涂底色，趁没有干的时候用白色的翻糖涂背部纹饰。

05 在04还没有完全干的时候，用牙签在上面画圈圈，画出大理石花纹。

06 分别画上眼睛、胡须、耳朵，再用1号翻糖画蝴蝶结，蝴蝶结从左边开始一笔画成。

心形猫

饼干…P8／图纸P93
翻糖

粉色（4号：较软）底色
底色…心形：16号，10号（较软）
心形的边缘：19号（中等硬度）

紫色（20号：较软）底色
底色…心形：10号，4号（较软）
心形的边缘：2号（中等硬度）

水蓝色（16号：较软）底色
底色…心形：4号，20号（较软）
心形的边缘：9号（中等硬度）

耳朵、眼睛：2号，白色，黑色（全部中等硬度）

01 左手以外的部分涂底色，没干时，在心形上画点点。干燥后涂左手。用中等硬度的翻糖画耳朵和眼睛，没干时，再画上黑眼珠和眼睫毛。

02 在眼睛上画点，再分别画上脸颊和胡须，沿心形边缘画出贝壳线。在心形上书写文字。其他两个也同样方法制作。

漂亮的小狗

你是喜欢猫咪还是喜欢狗狗?
现在来介绍可爱的狗狗主题,
用翻糖来表现狗狗的特征。

哈巴狗

饼干…P8／图纸P93
装饰配件：事先用翻糖膏（BK多或者黑可可粉少量）做好蝴蝶结配件（参考P33）
翻糖
底色：22号，23号（全部较软）
边缘线：22号（中等硬度）
眼睛、鼻子、嘴：白色、黑色（全部中等硬度）

01 用22号较软的翻糖涂除去嘴、眼睛、耳朵以外地方的底色。用23号涂嘴、眼睛、耳朵。放置全干之后，用22号翻糖画边缘线。

02 画颈部和脸部的褶皱。

03 中等硬度的黑色翻糖画眼睛、耳朵和嘴，用白色的翻糖在眼睛处画点点，用中等硬度的翻糖来粘合蝴蝶结配件，完成。

贵宾犬

饼干…P8／小狗形
装饰配件：事先用翻糖膏（SB少量）做好蝴蝶结配件（参考P33）
翻糖
装饰配件：心形…4号（较软）
底色、边缘线：白色（较软，中等硬度）
眼睛：黑色（中等硬度）
嘴、鼻子：4号，22号（中等硬度）
文字：14号（中等硬度）
点点：10号（中等硬度）
＊先做好心形装饰配件（P30）

01 涂底色，干燥之后用中等的白色翻糖画边缘线。

02 用中等硬度的黑色翻糖画眼睛，用22号和4号画鼻子和嘴。粘合蝴蝶结配件之后用翻糖粘合心形配件。

03 在心形上用中等的14号翻糖书写文字，并用10号画点点。

柯基犬

饼干…P8／图纸P93
点缀：糖粉
翻糖
装饰配件：向日葵…9号，23号（全部较硬）
底色：4号，22号，白色（全部较软）
眼睛、鼻子：黑色（中等硬度）
嘴：2号（中等硬度）
裱花嘴：玫瑰花裱花嘴#102
＊事先做好花朵装饰配件（参考P29）

01 用较软的22号和白色的翻糖涂底色，4号涂耳朵。趁没有全干的时候，用牙签在颜色的交界处画圈，画出大理石图案。

02 用中等硬度的黑色翻糖画眼睛、鼻子。2号涂嘴。粘合向日葵配饰就完成了。

骨头纸杯蛋糕

纸杯蛋糕…P10
翻糖
装饰配件：骨头…白色（较软）
粉色（4号：较软）底色
点点：16号（中等硬度）
水蓝色（16号：较软）底色
点点：4号（中等硬度）
＊事先做好骨头的装饰配件（参考P30）

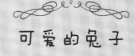

可爱的兔子

收集了女生所喜爱的小兔子图案,
白色、粉色非常可爱,是治愈系的主题,
也是复活节推荐的图案!

b

水手兔子

饼干…P8 / 图纸P93
翻糖
底色：1号，4号，白色，RB较多（全部较软）
边缘线：1号，白色，RB较多（全部中等硬度）
眼睛，鼻子，嘴：黑色，22号，4号（全部中等硬度）

01 用较软的白色翻糖涂脸和身体，4号涂耳朵。趁没有全干的时候，用深蓝色画衣服的横条。

02 用较软的1号翻糖涂领巾，放置干燥。全干之后用中等硬度的黑色翻糖画眼睛，22号画鼻子，4号画嘴。

03 用中等硬度的白色翻糖画出脸和脚的边缘线。1号画领巾的边缘线，深蓝色画衣服的边缘线。

鲜花兔子

饼干…P8 / 图纸P93
翻糖
装饰配件：雏菊…10号，20号（全部偏硬）
底色：4号，白色（全部较软）
眼睛、鼻子、嘴：4号，22号，黑色（全部中等硬度）
边缘线：白色（中等硬度）
叶子：11号（较硬）
蝴蝶结：R偏多+LY少许+BR少许（较硬）

裱花嘴：玫瑰花裱花嘴#102，单孔裱花嘴#47
＊事先做好花朵装饰配件（参考P29）

01 蝴蝶结部分之外涂底色，放干之后画边缘线。用裱花嘴#47挤出蝴蝶结。打结处时保持裱花嘴悬起的状态，沿着饼干轻轻覆盖。

02 用中等硬度的黑色翻糖画眼睛，22号画鼻子，4号画嘴。粘合花朵装饰配件，并用较硬的11号翻糖挤出叶子。

蝴蝶结兔子

饼干…P8 / 图纸P93
翻糖
白色（较软）底色
蝴蝶结：10号，14号（全部较软）
边缘线：10号（中等硬度）
粉色（5号：较软）底色
蝴蝶结：14号，10号（全部较软）
边缘线：14号（中等硬度）
耳朵：4号（中等硬度）
眼睛、鼻子、嘴：4号，22号，黑色（全部中等硬度）

01 用较软的翻糖涂脸和耳朵。涂蝴蝶结，趁没有干的时候挤若干点点。待全干之后画蝴蝶结的边缘线。

02 用中等的黑色翻糖画眼睛，22号画鼻子，4号画嘴。另外一个同法制作。

胡萝卜纸杯蛋糕

纸杯蛋糕…P10
翻糖
装饰配件：胡萝卜…7号，11号（全部较软）
底色：a…10号，b…14号
竖线：a…11号，b…10号（底色和竖线全部中等硬度）
＊先做好胡萝卜装饰配件（P30）。纸杯蛋糕先涂底色，没有全干时画上竖线。

活泼的小鸟

似乎可以听到小鸟的歌唱，
它们快乐地在树枝之间跳跃，
叽叽喳喳地在说些什么呢？
小鸟的羽毛可以用大理石图案来表现。

玄凤鹦鹉

饼干…P8 / 图纸P94
翻糖
底色: 7号, 9号, 21号, 白色（全部较软）
边缘线: 9号（中等硬度）
眼睛: 黑色（中等硬度）
鸟嘴: 22号, 白色（中等硬度）
脚: 22号（中等硬度）

01 除了小鸟的腹部，用较软的9号涂底色。脸颊用7号画圈涂匀。用白色和21号分别涂小鸟的腹部。趁没有全干时，用牙签画大理石花纹（参考P26）。

02 用9号翻糖画边缘线，用22号画鸟嘴和脚，用黑色画眼睛，用白色在眼睛和鸟嘴上挤出点点。

虎皮鹦鹉

饼干…P8 / 图纸P94
翻糖
底色: 4号, 10号, 14号, 16号, 20号（全部较软）
脸部花纹: 1号（中等硬度）
眼睛: 黑色（中等硬度）
鸟嘴: 2号, 9号（中等硬度）
脚: 22号（中等硬度）

01 用较软的翻糖分块涂底色，翅膀用10号画4条横线。趁没干的时候用牙签从上至下画大理石图案（参考P26）。

02 在01没有全干时用4号和10号翻糖在脸部画花纹。待干后，用9号和2号画鸟嘴，1号画脸部花纹，黑色画眼睛，22号画脚。

樱文鸟

饼干…P8 / 图纸P94
翻糖
底色: 21号, 白色, 黑色（全部较软）
眼睛: 16号, 白色, 黑色（全部中等硬度）
鸟嘴、脚: 1号（中等硬度）

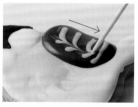

01 用较软的翻糖分块涂底色，羽毛部分用21号画4条横线。趁没有全干的时候用牙签在腹部和羽毛处画大理石花纹（参考P26）。

02 用中等硬度的16号翻糖挤出眼睛的底部，再以黑、白的顺序覆盖其上。用1号画鸟嘴和脚。

白文鸟

饼干…P8 / 图纸P94
翻糖
底色: 2号, 白色（全部较软）
眼睛: 黑色（中等硬度）
鸟嘴、脚: 1号（中等硬度）

除去羽毛部分之外，用较软的白色翻糖涂底色。脸颊用2号来涂。待干之后用中等黑色翻糖画眼睛，1号画鸟嘴和脚。

叶子饼干

饼干…P8 / 叶子形
翻糖
底色: 11号, 13号, LG少量（全部较软）
边缘线: LG少量（中等硬度）

＊涂底色，待干之后画边缘线。

a

b

水彩色的、可爱的梦幻世界，
穿越彩虹，独角兽、小马在天空驰骋，
还附有彩虹、月亮、星星主题哦。

独角兽

饼干…P8／独角兽型形
点缀：糖粒（大）…银色
翻糖
装饰配件：单层花瓣的花朵…2号
（偏硬）
底色：16号（较软）
毛发、尾巴：4号、16号（全部较硬）
独角兽角、马具、马蹄：10号、22号
（全部中等硬度）
花蕊：10号（中等硬度）
裱花嘴：玫瑰花裱花嘴#102、花朵
裱花嘴#16
＊先做好花朵装饰配件（P29）

01 在装好裱花嘴#16的裱花袋里面放入较硬的4号和16号翻糖。这样可以产生渐变效果。

02 用较软的16号翻糖涂色，放置全干。用*01*的裱花袋挤出毛发。

03 沿背部挤出贝壳线（参考P23）和尾巴。用中等硬度的翻糖画角、马具和马蹄。粘合花朵装饰配件挤出花心，撒上银色糖粒。

马

饼干…P8／图纸P94
翻糖
装饰配件：单层花瓣的花朵10号、16号、20号（全部较硬）
底色：5号（较软）
毛发、尾巴、马蹄：白色（较硬）
点点：10号（中等硬度）
花心：14号（中等硬度）
裱花嘴：玫瑰花裱花嘴#102、花朵
裱花嘴#13
＊先做好花朵装饰配件（P29）

01 用较软的5号翻糖涂底色，放置全干，裱花嘴#13的裱花袋里放入较硬的白色翻糖，挤出毛发和尾巴。

02 用白色翻糖在马蹄处挤出玫瑰图样（参考P27），用10号翻糖画点点。粘合花朵装饰配件，用14号挤出花心发。

月亮纸杯蛋糕

纸杯蛋糕…P10
点缀：银色糖粒（大）…银色
糖粒（小）…绿色、金色、银色、紫色、粉色、蓝色
翻糖
装饰配件：月亮…10号（较软）
底色：4号、20号（全部较软）
＊事先做好月亮装饰配件
（参考P30）

彩虹

饼干…P8／彩虹形
点缀：糖粉巧克力豆（白色）
翻糖
a…4号、10号、16号
b…4号、10号、20号
云：白色（较软）

01 用4号、10号、16号翻糖涂底色，放干。用4号、10号、20号涂底色。

02 用白色翻糖涂云彩，趁没全干时撒上糖粉巧克力豆，抖掉多余的。

星星饼干

饼干…P8／星星形
糖粒(大)…银色，糖粒(小)…绿色、金色、银色、紫色、粉色、蓝色
翻糖
底色：4号、10号、14号、20号
（全部较软）

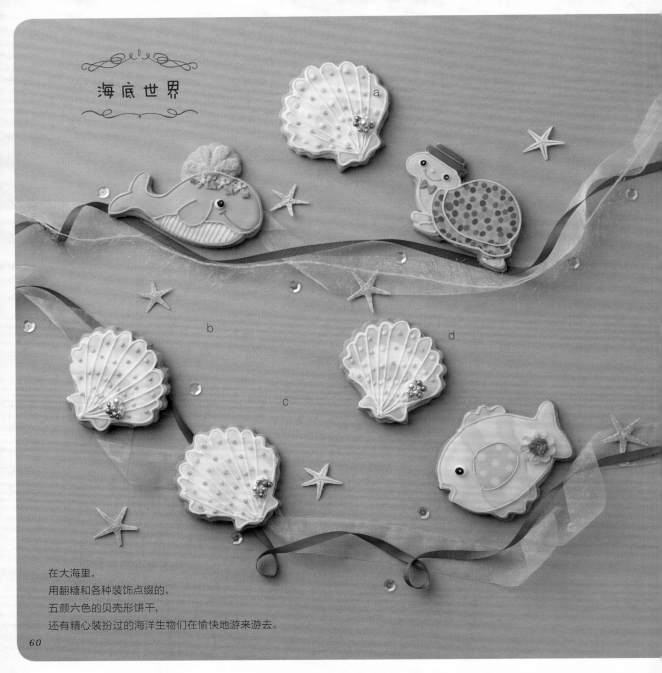

海底世界

a

b

c

d

在大海里，
用翻糖和各种装饰点缀的、
五颜六色的贝壳形饼干，
还有精心装扮过的海洋生物们在愉快地游来游去。

海龟

饼干…P8／图纸P94

翻糖

底色：

身体…14号；脸颊…2号；龟甲…11号；帽子…18号（全部较软）

点点：8号、13号、18号（全部较软）

边缘线、鼻子：14号（中等硬度）

眼睛、嘴、蝴蝶结、帽子装饰线：1号、白色、黑色（全部中等硬度）

01 用较软的14号翻糖涂身体，18号涂帽子，脸颊部分用2号涂圈圈，用11号涂龟甲。

02 趁01没有全干的时候，用较软的翻糖分别按照13号、8号、18号的顺序在龟甲上挤出若干点点。

03 待02干后，用中等硬度的14号翻糖画边缘线和鼻子，用白色和黑色画眼睛，1号画帽子的装饰线和嘴，再画上蝴蝶结。

鲸鱼

饼干…P8／图纸P94

点缀：糖粉

翻糖

底色：17号，白色（全部较软）

喷潮：14号（全部较软）

花朵、叶子：3号、10号、11号（中等硬度）

边缘线：17号、22号（中等硬度）

眼睛、嘴：1号，白色，黑色（中等硬度）

01 用较软的17号翻糖和白色翻糖分块涂底色，放置变干。用14号涂喷潮，趁没干的时候撒上糖粉，并抖掉多余的糖粉。

02 用中等硬度的3号、10号和绿色的翻糖分别画花朵和叶子，用1号画嘴，白色黑色画眼睛。17号和22号画边缘线。

贝壳

饼干…参考P8／贝壳形

点缀：糖粒（大）…银色；糖粒（小）…绿色、金色、银色、紫色、粉色、蓝色

糖粉

底色：a…2号，白色；b…20号，白色；c…10号，白色；d…16号，白色（全部较软）

点点：a…10号、17号；b、c…3号、14号；d…2号、10号（全部中等硬度）

边缘线：白色（中等硬度）

01 用较软的翻糖分块涂底色，趁没全干时用牙签画几处竖线和大理石花纹。全干之后画边缘线并挤出点点，用翻糖粘合糖粒。

鱼

饼干…P8／图纸P94

点缀：糖粉

翻糖

装饰配件：向日葵…9号、23号（全部较硬）

底色：2号、10号、14号、16号（较软）

边缘线：2号（中等硬度）

眼睛：白色、黑色（中等硬度）

裱花嘴：玫瑰花裱花嘴口#102

＊先做好花朵装饰配件（P29）

01 用较软的2号、14号、16号翻糖分块涂底色，趁没有全干的时候用10号在鱼鳍部分画点点。

02 待01干后用中等硬度的2号翻糖画边缘线，白色和黑色画眼睛，花朵装饰用翻糖粘合。

专题3

这种情况应该如何处理呢？ 翻糖问题

本专题总结归纳了在翻糖方面容易碰到的问题，
让我们愉快地制作翻糖作品吧！

问 翻糖表面起气泡怎么办？

答 一般是因为在搅拌翻糖时掺进了空气。搅拌时尽可能不要起泡泡，轻轻地搅拌。在起泡还没有干之前用牙签一个一个地扎破。

问 放干之后有孔怎么办？

答 如果不扎破气泡，放置全干之后，空气排出之后就会留下孔。一定要确认没有气泡之后再放干。用同色的较硬的翻糖在小孔处填充或者用装饰配件遮盖住也可以。

问 如何修正边缘线？

答 如果边缘线偏离画歪了，趁没有干时用牙签取下翻糖重新画。即使全干之后也可以轻易地用牙签去掉。

问 直线画不直怎么办？

答 诀窍是握力和移动裱花袋时要保持一定的速度。力量太小，速度太快画出的直线容易断断续续，力量太大，速度太慢，画出的线会歪歪扭扭。

问 颜色不均匀怎么办？

答 主要原因是在调整翻糖的软硬度的时候，加入水之后没有充分搅拌。加入水之后要充分搅拌再使用。

问 保质期有多久？

答 翻糖饼干保质期是3周左右，纸杯蛋糕最好5天之内吃完。饼干要和干燥剂一起放入密封容器中保存，纸杯蛋糕保存时要避免高温和潮湿。

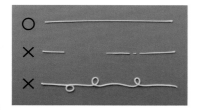

问 如何干燥？

答 涂了翻糖之后要放在避光通风的地方，完全干燥一般需要整整一天的时间。阳光直射的话翻糖会分泌出油脂，一定要注意。

甜品主题的翻糖

汇集了有少女心的甜品主题，
尝试着用翻糖来表现美味吧。

下午茶时间

来一个翻糖下午茶怎么样？
无论是重叠的修女泡芙或是马卡龙都好像真的一样，
用粉嫩色系的甜品放松一下吧。

a

b

马卡龙

饼干…P8／图纸P94
翻糖
底色
a…4号，20号，RB少量+BK少许；
b…2号，10号，14号（较软，马卡龙
上下夹层用中等硬度）
奶油：白色（较硬）
裱花嘴：星星裱花嘴#13

01 用较软的翻糖涂底色，放置干燥。使用#13号裱花嘴，用较硬的白色翻糖在奶油夹层部分画贝壳线。

02 用中等硬度的同色翻糖在马卡龙上下夹层打圈画圆。另外一个也同法制作。

餐具纸杯蛋糕

纸杯蛋糕…P10
翻糖
配件：勺和叉…白色（较软）
底色：4号，14号（较软）
点点：4号，20号（中等硬度）

＊事先做好勺和叉配件备用
（参考P30）。涂底色并在
尚未全干时挤出点点。全
干之后再用翻糖进行勾画。

修女泡芙

饼干…P8／图纸P94
点缀：糖粒（大）…银色
翻糖
底色：22号（较软）
滴落：4号，20号（全部较软）
奶油：白色（较硬）
裱花嘴：星星裱花嘴#14

01 用较软的22号翻糖涂泡芙的底色并放好。然后涂滴落部分。和泡芙的交界处要注意涂匀。

02 使用裱花嘴#14，用较硬的白色翻糖挤出下面的奶油部分。

03 和*02*相同，在顶部挤出奶油部分，趁没有干的时候粘上银色糖粒。另外一个也同法制作。

茶壶，茶杯

饼干…P8／茶壶形，茶杯形
点缀：莫奈（黄色）
翻糖
底色：19号，白色（全部较软）
边缘、花纹：19号（中等硬度）
叶子：11号（较硬）

01 用较软的19号和白色翻糖分块涂底色，放置全干。用中等的19号翻糖沿边缘画贝壳线（参考P23）。

02 用较硬的11号翻糖画叶子。

03 趁*02*没有全干的时候粘上莫奈。用中等硬度的19号翻糖在叶子的周围画花纹。茶杯也同法制作。

幸福的冰激凌

冰凉好吃的冰激凌，
都是满满的幸福感。
使用各种装饰材料，
让成品色彩纷呈。

a

b

c

THANK YOU!

I LOVE YOU♥

芭菲

饼干…P8／芭菲形
点缀：糖粒（大）…银色；小糖粒
（心形、彩虹）
翻糖
底色：2号，白色（全部较软）
巧克力：24号（较软）
奶油：白色（较硬）
裱花嘴：花朵裱花嘴#18

01 用较软的2号和白色翻糖
分块涂杯子的底色，晾干。
用24号画巧克力部分。

02 用裱花嘴#18将较硬的白
色翻糖挤出，做为成品的
奶油部分。

03 趁*02*未干的时候放上心
形糖粒，再装饰上彩虹糖
粒和银色糖粒。

圆筒冰激凌

饼干…P8／冰激凌形
点缀：装饰糖粒（薄荷）；水果混
合软糖（红色）；糖粉巧克力豆
（黄色）；糖粒（彩虹色）
翻糖
a…10号，14号，白色，17号，1号，
24号
b…2号，14号，10号，20号
c…20号，14号，2号，10号

玉米脆皮蛋筒：22号（较软，
边缘线使用中等硬度）
奶油：白色（较硬）
裱花嘴：花朵裱花嘴#18

01 用较软的翻糖涂蛋筒部分
的底色，待全干之后用中
等硬度的翻糖画细格子。

02 待*01*全干之后，用较软的
翻糖来涂下层，趁没有干
的时候在几处挤出较软的
翻糖，然后用牙签打圈画
出大理石花纹，放置待干。

03 上层涂底色，趁没干的时
候画上点点并点缀糖粒。
用裱花嘴#18，挤出偏硬的
翻糖，装饰软糖。另外两个
也同法制作。

冰激凌

饼干…P8／冰激凌形
点缀：装饰糖粒（薄荷）；糖
粒（彩虹色）
翻糖
玉米脆皮：22号（较软，边缘
线使用中等硬度）
冰激凌：4号，白色（全部较软）
裱花嘴：圆口裱花嘴#12

01 用较软的22号翻糖涂玉
米脆皮部分的底色，放置
待干。用中等硬度的同色
翻糖画格子，在边缘部分
写字。

02 待*01*全干之后，使用裱花
嘴#12，用较硬的翻糖挤出
冰激凌部分。趁没干的时
候放上装饰糖粒。另外一
个也同法制作。

micarina可爱的配色

翻糖的魅力之一就是可以随意组合自己喜爱的颜色，做出独一无二的作品。
介绍一下micarina推荐的可爱的配色

蓝色+黄色

蓝色系的底色上添加黄色的装饰配件或者文字，给人以清爽的感觉。

黄色+紫色

给人以成熟感觉的色彩组合。变换底色会给人耳目一新的感觉。

粉色+绿色

少女心爆棚的甜美印象。推荐14号的翡翠绿。

红色+黄色

红色配深黄色的组合。鲜明的色彩会给人以华丽的印象。

第五部分

节日主题的翻糖

儿童节、万圣节、圣诞节和新年。
本部分介绍在各个季节让人期待的节日主题翻糖饼干。

儿童节

以小纸灯为原型的桃花纸杯蛋糕，
今天是欢快的儿童节，
小熊国王和王后也笑嘻嘻，大家都很开心。

王后

饼干…P8／图纸P94
翻糖
装饰配件：单层花瓣的花朵…白色（较硬）
脸颊：22号（较软，白色（中等硬度）
耳朵：2号（中等硬度）
眼睛、鼻子、嘴：黑色，2号（全部中等硬度）
手：22号（中等硬度）
和服：12号，2号（较软，2号边缘线用中等硬度）

扇子：9号（较软，边缘线用中等硬度）
王冠、点点、花心：9号（中等）
裱花嘴：玫瑰花裱花嘴#102
＊事先做好花朵装饰配件（参考P29）

01 用较软的翻糖分色块涂底色，放干。用2号翻糖画耳朵，白色画嘴角。9号翻糖画扇子。2号画领子和袖子的线条，22号画手。

02 用中等的黑色翻糖画眼睛。2号画鼻子，黑色画嘴，9号画王冠，挤出点点。花朵装饰配件用翻糖粘合，9号挤出花心。

国王

饼干…P8／图纸P94
翻糖
脸：22号（较软），白色（中等硬度）
耳朵：2号（中等硬度）
眼睛、鼻子、嘴：黑色，2号（全部中等硬度）
手：22号（中等硬度）
和服：14号，17号（较软，14号的边缘线使用中等硬度）
帽子：黑色（中等硬度）
手板、点点：9号（中等硬度）

01 用较软的翻糖分色块涂底色，放置待干。用中等硬度的2号翻糖画耳朵，白色画嘴角，14号画领子。

02 中等硬度的9号翻糖画手板，挤出点点。

03 用中等硬度的黑色翻糖画帽子，与王后同样的方法画眼睛和嘴。

桃花纸杯蛋糕

纸杯蛋糕…P10
翻糖
装饰配件：双层花瓣花朵…5号，单层花瓣花朵…2号，4号，白色（全部较硬）；底色：4号，12号（较软）
花心：10号（中等硬度）
叶子：11号（较硬）
裱花嘴：玫瑰花裱花嘴#102、103
＊先做好花朵装饰配件（P29）

01 用中等的翻糖涂纸杯蛋糕的底色，放置待干。

02 纸杯蛋糕干后，粘合装饰配件，用11号翻糖画叶子。另外一个也同样方法制作。

圆形饼干

饼干…P8／圆形
翻糖
2号，12号，白色（全部较软）

＊用翻糖每一个颜色涂一块饼干。

快乐暑假

夏日主题最适合的就是鲜艳的色彩，
用刨冰、悠悠球、金鱼、团扇来表现夏日风情吧。

金鱼缸

饼干…P8／金鱼缸形
点缀：糖粉巧克力豆（白色）；糖粒
（心形）
翻糖
底色：16号，白色（全部较软）
边框：17号（较软）
水草：11号（中等硬度）
金鱼：1号（中等硬度）
波纹：16号（中等硬度）

01 用较软的16号和白色翻糖涂底色，趁没有全干的时候用17号在边框画线。

02 趁*01*未干时，撒上糖粉巧克力豆，并放置待干。用11号画水草，16号画水波纹。

03 按照图片粘住心形糖粒，用11号画金鱼的身体。另外一条也同法制作。

刨冰

饼干…P8／芭菲形
点缀：结晶糖
翻糖
底色：1号，16号，白色（全部较软）
文字：RB偏多（中等硬度）
杯子图案：白色（中等硬度）

01 用16号翻糖涂底色，放干。刨冰上面部分用白色和1号分色块涂底色，趁没全干时，用牙签打圈，画出大理石花纹。

02 趁*01*没有全干的时候，放置在平盘上，用勺子撒上结晶糖，然后倾斜饼干抖掉多余的糖粒。

03 用中等硬度的蓝色翻糖写文字。要多挤出一些翻糖，用较粗的线条写字。白色翻糖画杯子的上的图案。

悠悠球

饼干…P8／戒指形
点缀：小糖粒…银色
翻糖
粉色底色（4号：较软）
图案：1号，17号，9号，白色（全部较软）
黄色底色（9号：较软）
图案：1号，14号，17号，白色（全部较软）
绿色底色（14号：较软）
图案：1号，17号，9号，白色（全部较软）

01 用较软的4号翻糖涂底色，趁没有全干的时候按照1号、17号、9号、白色的顺序涂圆形。

02 在*01*没干时，按照17号、9号的顺序随意在饼干上画线，同时撒上糖粒。

团扇

饼干…P8／图纸P94
翻糖
底色: 白色（较软）
牵牛花: 4号，17号，白色（全部较软）
叶子: 14号（较软）
点点: 9号（较软）
扇骨、扇柄: 22号（中等硬度）

01 用较软的22号和白色的翻糖涂底色，趁没有全干的时候用4号翻糖画圆。

02 在*01*还没有干时，用白色翻糖在4号内侧画圆，由中心向外用牙签画线。蓝色的牵牛花也同法制作。

03 在*02*还没有干时用14号画小圆圈，用牙签画线，画叶子。用9号画点点，22号翻糖画线。

星象仪水晶球

饼干…P8／水晶球形
点缀: 银箔糖、糖粒（大）…银色；糖粒（小）…绿色、金色、银色、紫色、蓝色
翻糖
夜空: 18号（较软）
底座: 4号（较软）
星座: 9号（中等硬度）
底座的线: 4号（中等硬度）

01 用较软的4号和18号翻糖涂底色，放置待干。用中等硬度的4号翻糖在底座部分画四条线，在没有干的时候用勺子撒上银箔糖，再抖掉多余的糖。

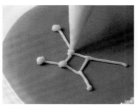

02 用中等硬度的9号翻糖画巨蟹座的线条，星星的位置用点点来表示。

03 在*02*没有干时在星星的位置上放上糖粒。空白的地方也点缀一些，最后用9号画星星。

星星饼干

饼干…P8／星星形
点缀: 糖粒（大）…银色；珍珠糖粒（白色，蓝色）
装饰配件: 用翻糖膏事先做好贝壳模型的装饰配件（P少量，RB少量，LY少量，LG少量）
翻糖
底色、线条
a…4号，10号；b…14号，4号；c…4号，14号（全部较软）
点点: 白色（中等硬度）

01 用较软的翻糖涂底色，在没有干的时候画线条。待干之后用翻糖粘合装饰配件。

02 装饰配件之间装饰糖粒和珍珠糖粒。再用中等白色翻糖画点点。另外两个也同法制作。

星星纸杯蛋糕

纸杯蛋糕…P10
翻糖
装饰配件: 星星…10号（较软）
底色: 4号，16号（全部较软）
点点…白色（中等硬度）
＊ 事先做好星星装饰配件（参考P30）。涂好底色的纸杯蛋糕上放上装饰配件，并挤出一些点点装饰。

万圣节

每年都很有人气的万圣节主题，
或是在底色上下些功夫，或是点缀装饰配件，让成品看起来更有立体感。
蜘蛛网的纸杯蛋糕是亮点哦。

蝙蝠

饼干…P8 / 图纸P94
装饰配件: 用翻糖膏(V少量)事先做好蝴蝶结模型装饰配件(参考P33)
翻糖
底色: 黑色(较软)
眼睛: 16号, 白色, 黑色(全部中等硬度)
耳朵: 2号(中等硬度)
鼻子、嘴: 1号(中等硬度)
文字: 7号(中等硬度)
星星: 9号(中等硬度)
点点: 白色(中等硬度)

小鬼

饼干…P8 / 图纸P95
翻糖
装饰配件: 南瓜…7号(较软)
底色: 白色(较软); 脸颊: 4号(较软); 蝴蝶结: 1号(较软)
点点: 9号, 17号(中等硬度)
眼睛: 16号, 白色, 黑色(中等硬度)
鼻子、嘴: 7号, 1号(中等硬度)
文字: 20号(中等硬度)
叶子: 11号(较硬)
＊ 先做好南瓜装饰配件(P30)

蜘蛛网纸杯蛋糕

纸杯蛋糕…P10
翻糖
装饰配件: 蜘蛛…黑色(较软)
底色: 白色(较软)
蜘蛛网: 黑色(较软)
点点、文字: 9号, 1号, 1号, 20号(全部中等硬度)
蜘蛛腿: 黑色(中等硬度)
＊ 做好蜘蛛装饰配件(P30)

01 除去身体和羽翼的外侧以外, 用较软的黑色翻糖涂底色。待全干之后, 涂羽翼的正中间并放置待干。最后涂羽翼的内侧。

02 用中等硬度的翻糖画眼睛和鼻子, 粘合蝴蝶结装饰配件。7号写文字后用9号画星星。在空白处挤出点点。

01 除了蝴蝶结以外, 用较软的白色翻糖涂底色。脸颊用4号涂圆圈。

02 底色干后, 用较软的1号翻糖涂蝴蝶结。用中等硬度的翻糖画眼睛、嘴、点点、文字。再放上装饰配件, 画上叶子。

01 用较软的白色翻糖涂底色, 在没有干时用黑色画3个圆。用牙签从中心向外画8条线。

02 底色干了之后用中等硬度的翻糖写文字。放上装饰配件, 黑色画蜘蛛腿, 画点点。另外一个也同法制作。

南瓜灯

饼干…P8 / 图纸P95
翻糖
底色: 7号(较软)
眼睛: 白色, 黑色(较软, 中等硬度)
鼻子、嘴: 黑色(中等硬度)
边缘线: 7号, 白色(中等硬度)
叶子: 11号(较硬)

01 用较软的7号涂底色, 眼睛用白色翻糖涂底色, 放干。全干后用中等硬度的7号和白色翻糖画边缘线。

02 用中等硬度的黑色翻糖画眼睛、鼻子、嘴。较硬的11号翻糖画叶子。

圣诞快乐

一到圣诞节，街道上非常热闹，
圣诞主题的作品只是看看也会让人心情靓丽，
用翻糖饼干来做装饰也很可爱哦。

圣诞老人

饼干…P8／图纸P95
翻糖
脸颊：6号（较软）
胡子的底色：白色（较软）
帽子：1号（较软）
鼻子、眼睛：1号，黑色（全部中等硬度）
边缘线：白色（中等硬度）
文字：14号（中等硬度）
胡子、帽子的装饰：白色（较硬）
裱花嘴：花朵裱花嘴#22

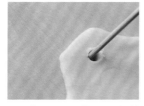 

01 饼干面团用模具取型，并用竹扦扎孔。烤好放凉之后用较软的6号和白色翻糖涂底色，放置待干。

02 使用裱花嘴#22，用较硬的白色翻糖挤出胡子和帽子的装饰部分。中等硬度的1号画鼻子，黑色画眼睛，白色画边缘线。

驯鹿

饼干…P8／驯鹿形
点缀：
翻糖
脸颊：22号（较软）
耳朵：4号，白色（较软）
鹿角：9号（较软）
眼睛、鼻子：黑色（中等硬度）
文字：1号（中等硬度）

01 用较软的4号、22号、白色翻糖分色块涂底色，除去鹿角部分之外。待全干之后用9号涂鹿角。

02 在*01*没有全干时用勺子撒上结晶糖，并抖掉多余的糖。用黑色翻糖画眼睛和鼻子，1号书写文字。

圣诞树

饼干…P8／圣诞树形
点缀：糖粉；银箔糖粒；糖粒（小）…银色；糖粒（姜饼人、彩灯）
翻糖
底色：11号，白色（全部较软）
雪：白色；蝴蝶结：1号；点点：9号，白色；心形：2号（全部中等硬度）

＊饼干用较软的翻糖涂底色，放干。

01 画曲折线（参考P23），在翻糖没干时撒上糖粉。画蝴蝶结，撒上糖粒，挤出点点。白色的圣诞树粘上银箔糖粒和小糖粒。

补充说明

姜饼人和彩灯使用了糖粒。作为圣诞节的装饰非常简单实用，推荐大家尝试。

一品红纸杯蛋糕

纸杯蛋糕…P10
点缀：糖粉巧克力豆（黄色）
翻糖
底色：4号，12号（全部较软）
叶子：1号，11号（全部较硬）
点点：10号（中等硬度）
裱花嘴：叶子裱花嘴#366

01 用较软的翻糖涂底色，放置待干。用裱花嘴#366，将较硬的1号翻糖挤出一品红（参考P23）。

02 裱花袋里装入较硬的11号翻糖并挤出叶子（参考P23），用中等硬度的10号翻糖挤出点点，在中间粘合上糖粉巧克力豆。

新年好

可爱的和风主题的翻糖，
有豪华感的鲜艳色彩，
让人们期待新年的到来。
和服花纹、配饰、细节之处都非常讲究。

和服

饼干…P8/图纸P95
点缀：糖粉巧克力糖豆（黄色）；银箔糖；糖粒（小）…金色、银色、粉色、蓝色
装饰配件：LG少量+LY少量做菊花模型装饰（参考P33）

红色和服

装饰配件：双层花瓣花朵…19号（较硬）
底色：1号，8号，黑色（全部较软）
边缘线、腰带：1号、8号（中等硬度）
腰带里衬：16号（中等硬度）
花朵图案：17号，白色（中等硬度）
花心：4号（中等硬度）

黄色和服

装饰配件：双层花瓣的花朵…1号（偏硬）
底色：1号、8号、黑色（较软）
边缘线、腰带：8号，16号（较软）
腰带里衬：4号（中等硬度）
花朵图案：20号，白色（中等硬度）
花心：9号（中等硬度）
叶子：11号（较硬）
领口：白色（中等硬度）
裱花嘴：玫瑰花裱花嘴#102
＊先做好花朵装饰配件（P29）

01 用较软的翻糖分色块涂底色，在没有干的时候挤出点点。干了之后画边缘线。画腰带，之后在中间点缀糖粒。

02 用中等硬度的翻糖画花朵图案。粘合装饰配件，挤出叶子和花心。画腰带里衬，没干时撒上银箔糖，抖掉多余的糖，用白色翻糖画领口。另外一个同法制作。

新春年糕

饼干…P8/图纸P95
翻糖
三方：22号、23号（较软）
年糕：白色（较软）
四方红：1号，白色（较软）
橘子：7号（较软）
里白：11号（较硬）
橘子把：11号（中等硬度）
裱花嘴：玫瑰花裱花嘴#101

01 用较软的翻糖分色块涂底色，没有干的时候在如图所示的部分用1号画线并放置待干。

02 用裱花嘴#101，挤出11号翻糖。裱花嘴的宽口朝下，裱花袋一边向右移动一边上下移动挤出如图花纹。

03 和*02*同法挤出其余的白色部分。

舞狮

饼干…P8/图纸P95
翻糖
底色：1号，9号，11号（较软）
眉毛、眼睛、耳朵：白色，黑色（中等硬度）
鼻子：22号，黑色（中等硬度）
嘴：9号，黑色（中等硬度）
毛发：白色（中等硬度）
文字：1号（中等硬度）

01 用较软的1号、11号的翻糖分色块涂底色，在没有干的时候用9号翻糖写"の"字。

02 待*01*干后，画眼睛、鼻子。用画圈圈的方式画毛发。用1号书写文字。

压岁钱

饼干…P8/图纸P95
翻糖
底色：白色（较软）
丝带：1号（中等硬度）
＊涂底色，干了之后画丝带。

可爱的包装

当我们把饼干和纸杯蛋糕作为礼物馈赠的时候，也会讲究它的包装，
本专题介绍一些简易的包装方法。

同一主题的成品集中放在一个盒子里面，然后
装进袋子里，一个礼品就包装好了。

推荐使用印有可爱图案的纸盘，再用蝴蝶结和
贴纸装饰一下。

即使是一块饼干也可以放进有盖子的透明纸
盒里，最好选用和饼干同色系的纸盒。

纸杯蛋糕放入比较深的有盖子的容器后，再放
入袋子里面。

第六部分

寄语翻糖

结婚，生日……
这一部分我们介绍的是赠予主题，
给我们生命中那些重要的人的礼物。
用翻糖来表达我们的祝福和感谢吧。

表达感谢

父亲节和母亲节赠予的主题，
融进日常的感谢之意的装饰，
笔记本和勋章只要改变一下文字，
就可以在各种场合使用。

康乃馨

饼干…P8／圆形
装饰配件：翻糖膏…R偏多；蝴蝶结…P偏多
先做好菊花模具配件（参考P33）
翻糖
底色：4号（较软）
叶、茎：11号（中等硬度）
点点：9号（中等硬度）
文字：16号（中等硬度）

笔记本

饼干…P8／笔记本形
点缀：糖粉巧克力豆（黄色）、糖粉
装饰配件：羽毛…翻糖膏（LG、LY、P各少许）
翻糖
水蓝色笔记本 装饰配件：四叶草（单层花瓣的花朵）…11号（较硬）；底色：16号，白色（全部较软）；点点：20号（中等硬度）
紫色笔记本 装饰配件：雏菊…白色；双层花瓣花朵…19号；单层花瓣花朵…20号（较硬）；底色：20号、白色（较软）
点点：4号（中等硬度）；花心：10号（中等硬度）；叶子：11号（较硬）
文字：黑色；线条：白色（中等硬度）
裱花嘴：玫瑰花裱花嘴#102

勋章

饼干…P8／图纸P95
翻糖
粉色勋章 底色：2号，16号，20号（全部较软）；褶：2号（较硬）；点点：9号，17号（全部中等硬度）；文字：1号（中等硬度）
水蓝色勋章 底色：2号，10号，16号（全部较软）；褶边：16号（较硬）；点点：3号，14号（全部中等硬度）文字：1号（中等硬度）
紫色勋章 底色：2号，10号，20号（全部较软）；褶边：20号（较硬）；点点：2号，17号（中等硬度）；文字：1号（中等硬度）
裱花嘴：玫瑰花裱花嘴#102

01 用较软的4号翻糖涂底色，放置待干。菊花配件用翻糖粘合，中等硬度的11号翻糖画叶、茎。

02 蝴蝶结装饰配件也用翻糖粘合。中等硬度的16号翻糖写文字，9号翻糖挤出点点。

01 用翻糖膏事先做好羽毛模型配件（参考P33）、花朵和四叶草配件，放置待干（参考P29）。

02 用较软的翻糖分色块涂底色。全干后画文字、点点、线条。粘合装饰配件。紫色笔记本粘合装饰配件，并挤出花心和叶子。

01 用饼干模具印一个圆形。烘焙后放冷却，分别涂圆和蝴蝶结的底色，没干时在蝴蝶结上挤出点点。

02 用裱花嘴#102，挤成褶边，裱花嘴的宽口部分朝下。全干后画点点和文字。

啤酒

饼干…P8／图纸P95
点缀：糖粉巧克力豆（白色）
翻糖
底色：啤酒杯…9号
啤酒沫：白色（全部较软）
点点：白色（中等硬度）
边缘线：9号（中等硬度）
文字：17号（中等硬度）
心形：1号（中等硬度）
毛豆：11号（中等硬度）

01 用9号较软的翻糖涂啤酒杯的底色，放干。用白色涂啤酒沫的底色，在没干时粘合糖粉巧克力豆。用中等硬度的白色翻糖在糖粉巧克力豆上面挤出大大的点点。

02 用中等硬度的9号翻糖画边缘线，17号翻糖写文字，1号翻糖画毛豆。

婚礼祝福

婚礼主题我们使用白色和蓝色作为主色调,
精美的图案给人以高雅的感觉,
试着用翻糖来呈现新婚的仪式吧。

戒指

饼干…P8／戒指形
点缀：银箔糖；糖粒（大）…银色；
糖粒（小）…金色、银色、粉色、
蓝色
翻糖
底座：白色（较软）
宝石：2号，15号（全部较软）

01 用较软的白色翻糖涂底座部分的底色，全干之后涂宝石部分。

02 在宝石部分没有全干的时候用勺子撒上银箔糖，抖掉多余的糖之后再撒上糖粒。另外一个也同法制作。

亮闪闪纸杯蛋糕

纸杯蛋糕…P10
点缀：糖粉巧克力豆（白色）；装饰糖粒（莫奈）；糖粒（小）…银色
翻糖
底色：4号，白色（全部较软）
＊涂底色，在没有干的时候放上点缀装饰。

婚纱

饼干…P8／裙子形
点缀：糖粉巧克力豆…白色；糖粒（小）…银色
翻糖
雏菊…RB少量+V少许；单层花瓣
花朵…16号，20号（全部较硬）
底色、褶边：白色（较软和较硬）
花纹：白色（中等硬度）
花心：10号（中等硬度）
裱花嘴：玫瑰花裱花嘴#101、#102
＊先做好花朵装饰配件（P29）

01 用翻糖涂底色放置待干。用裱花嘴#101以及较硬的翻糖挤出裙边的褶皱。裱花嘴的宽口朝下。

02 用中等硬度的翻糖画裙子的花纹，并竖着画两条曲线。

03 用翻糖在婚纱上半身中间画花纹，没干时用勺子撒上糖粉巧克力豆，抖掉多余的，再画两侧花纹。

04 画好花纹，撒上糖粒，粘合上花朵配件。

皇冠

饼干…P8／图纸P95
点缀：糖粒（大）…银色；糖粒（小）…金色
翻糖
单层花瓣花朵a…2号；b…10号（较硬）
底色：a…15号；b…2号（较软）
花纹：白色（中等）；花心：1号（中等硬度）
点点：a…10号；b…20号（中等硬度）
裱花嘴：玫瑰花裱花嘴#102
＊事先做好花朵装饰配件（参考P29）

01 用较软的翻糖涂底色，放置待干。用中等硬度的白色翻糖画花纹。

02 画好花纹之后，画点点，粘合糖粒和装饰配件，然后挤出花心。另外一个也同法制作。

做一套宝宝主题,
作为出生的祝福,
全部使用柔和的色调,
制造出温柔的气氛。

木马

饼干…P8／图纸P95
翻糖
身体：a…14号；b…20号（全部较软）
毛发：a…4号；b…10号（全部较软）
底座：22号（较软）
点点：2号，10号（全部中等硬度）
眼睛：黑色（中等硬度）

婴儿鞋

饼干…P8／图纸P95
装饰配件：用翻糖膏（R少量）做好蝴蝶结模型配饰（参考P33）
翻糖
底色：4号，10号，白色（全部较软）
褶边：白色（较硬）
边缘线：白色（中等硬度）
点点：14号（中等硬度）
裱花嘴：玫瑰花裱花嘴#101

围嘴

饼干…P8／围嘴形
翻糖
装饰配件：单层花瓣的花朵…20号（偏硬）；小熊…22号（较软）
底色：4号，10号，白色（较软）
眼睛、耳朵、鼻子、嘴：2号，黑色（中等硬度）
花心：17号（中等硬度）
文字：1号（中等硬度）
裱花嘴：玫瑰花裱花嘴#102
＊先做好花朵装饰配件（P29）和小熊配件（P30）

01 用较软的4号、14号、20号、22号的翻糖分色块涂底色，放置待干。

02 用中等硬度的2号和10号翻糖挤点点。10号画马缰绳，黑色画眼睛。另外一个也同法制作。

点点纸杯蛋糕

纸杯蛋糕…P10
翻糖
粉色（4号：较软）底色
点点：14号（较软）
黄色（10号：较软）底色
点点：14号（较软）
绿色（14号：较软）底色
点点：4号（较软）
＊涂底色，在没干时挤点点。

01 用较软的10号和白色翻糖分色块涂底色，在没干时用4号挤出点点，放置待干。用裱花嘴#101把偏硬的白色翻糖挤出褶皱。裱花嘴的宽口朝下。

02 用中等硬度的白色翻糖画边缘线。

03 用中等硬度的14号翻糖在褶边的上面挤出点点。用翻糖粘合装饰配件。

01 用较软的10号翻糖涂底色，白色涂褶边部分。没干的时候用4号挤点点。

02 干了之后，用翻糖粘合小熊装饰配件。

03 用中等硬度的白色翻糖画嘴角，2号画耳朵、鼻子，黑色画眼睛和嘴。用1号写文字，放上花朵装饰配件，用17号挤花心。

生 日 快 乐

生日蛋糕，生日礼物，
生日用欢快的主题来庆祝。
心形饼干上精美的蕾丝花纹，
包含着赠送者的心意。

生日蛋糕

饼干…P8／图纸P95
翻糖
装饰配件：单层花瓣的花朵…16号
（较硬）
底色：下层…4号，20号；上层…
4号，14号（全部较软）
奶油：10号（较硬）
蜡烛：1号，7号，白色（中等硬度）
花心：1号（中等硬度）
裱花嘴：玫瑰花裱花嘴#102、星星
裱花嘴#14
＊先做好花朵装饰配件（P29）

01 下层用4号、20号涂底色。
上层用14号涂底色，没干
时用4号挤点点。干后用
#14的裱花嘴，用10号画
贝壳线。

02 用白色翻糖画蜡烛。

03 用1号翻糖画蜡烛火苗，
再挤上7号翻糖。放上装
饰配件，用1号挤出花心。

蕾丝心形

饼干…P8／心形
翻糖
底色：10号，20号（全部较软）
蕾丝：白色（中等硬度）
文字：3号，14号（全部中等硬度）

01 如图所示画两条斜线，把
饼干分成3等份。

补充说明
这样可以确保文字的空间。
根据文字的多少来调节线
的位置。

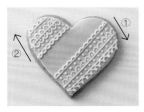

02 从右下侧开始画蕾丝（图
片①），将饼干上下倒置，
画其余部分（图片②）。用
3号写文字完成。

礼物盒

饼干　P8／礼物形
装饰配件：用翻糖膏（白色、P少
量）先做好蝴蝶结配件（P32）
翻糖
底色：15号，白色（较软）
点点：10号（中等硬度）
文字：9号，20号（中等硬度）

01 用翻糖涂盒子部分的底
色，放置待干。用翻糖膏
做两个10cm×3cm的配
件，粘合在礼物盒的上面。

02 根据饼干的大小，在配件
的边上剪出V字形。

03 在*02*上粘合蝴蝶结配件，
调整形状。用翻糖写文
字，用10号挤点点。

micarina让人心动的
可爱西点

本节补充几款可爱的翻糖饼干和糖饰蛋糕。

Ⓐ 新年款，图案和色彩都得到真实地再现，花纸牌饼干。

Ⓑ 用薄如蝉翼的翻糖膏花朵装饰的蛋糕。此款作品非常讲究花朵的摆放位置。

Ⓒ 非常有人气的星座主题。精美的图案，糖粒的组合，是一款很美很有型的饼干。

自创饼干模型纸样

* 复印成200%大小，作为自创饼干纸样来使用。饼干模型的制作方法请参考P34。

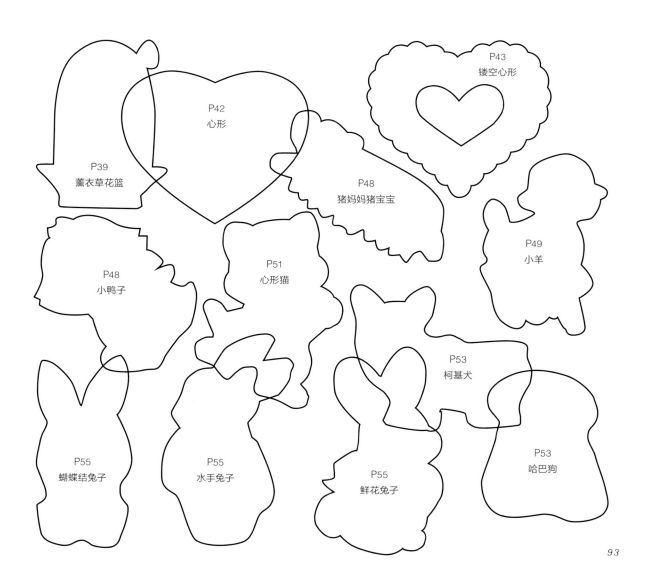

P43
镂空心形

P42
心形

P39
薰衣草花篮

P48
猪妈妈猪宝宝

P49
小羊

P48
小鸭子

P51
心形猫

P53
柯基犬

P55
蝴蝶结兔子

P55
水手兔子

P55
鲜花兔子

P53
哈巴狗

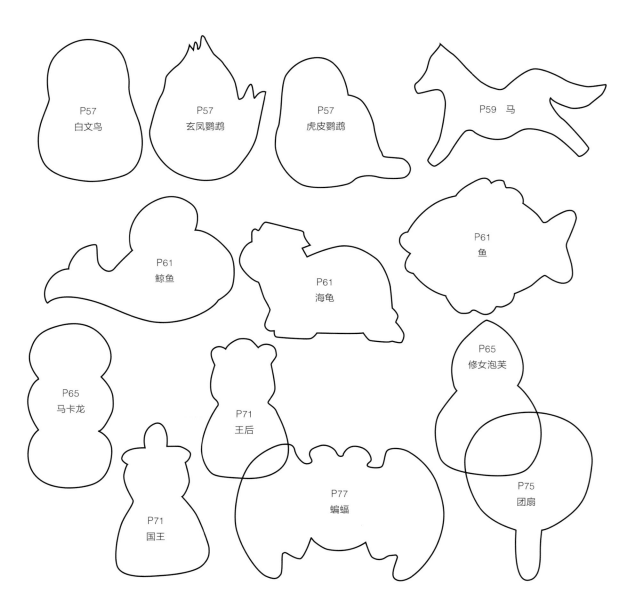

P57
白文鸟

P57
玄凤鹦鹉

P57
虎皮鹦鹉

P59　马

P61
鲸鱼

P61
海龟

P61
鱼

P65
马卡龙

P71
王后

P65
修女泡芙

P71
国王

P77
蝙蝠

P75
团扇

P77
南瓜灯

P77
小鬼

P79
圣诞老人

P81
和服

P81
舞狮

P87
皇冠

P81
新春年糕

P81
压岁钱

P85
勋章

P85
啤酒

P89
木马

P91
生日蛋糕

P89
婴儿鞋

图书在版编目（CIP）数据

我的第一本饼干装饰书／（日）小川美佳著；千寻
译. —— 北京：中国纺织出版社有限公司，2020.8
（尚锦西点装饰系列）
ISBN 978-7-5180-7319-1

Ⅰ．①我… Ⅱ．①小… ②千… Ⅲ．①饼干－制作
Ⅳ．①TS213.22

中国版本图书馆CIP数据核字（2020）第064545号

原文书名：micarinaの大人かわいいアイシングクッキー＆カップケーキ
原作者名：micarina（小川美佳）
micarina NO OTONAKAWAII ICING COOKIE & CUPCAKE
© micarina 2016
Originally published in Japan in 2016 by SEIBUNDO SHINKOSHA PUBLISHING CO., LTD., TOKYO,
Chinese (Simplified Character only) translation rights arranged with
SEIBUNDO SHINKOSHA PUBLISHING CO., LTD.,TOKYO
through TOHAN CORPORATION, TOKYO, and ShinWon Agency Co, Beijing Representative Office,Beijing
本书中文简体版经SEIBUNDO SHINKOSHA PUBLISHING CO., LTD.授权，由中国纺织出版社有限公司独家出版发
行。本书内容未经出版者书面许可，不得以任何方式或手段复制、转载或刊登。
著作权合同登记号：图字：01-2016-8783

策划编辑：舒文慧　　　责任编辑：范红梅　　责任校对：王蕙莹
版式设计：水长流文化　　责任印制：王艳丽

中国纺织出版社有限公司出版发行
地址：北京市朝阳区百子湾东里A407号楼　邮政编码：100124
销售电话：010－67004422　传真：010－87155801
http：//www.c-textilep.com
中国纺织出版社有限公司天猫旗舰店
官方微博http：//weibo.com/2119887771
北京华联印刷有限公司印刷　各地新华书店经销
2020年8月第1版第1次印刷
开本：889×1194　1／24　印张：4
字数：78千字　定价：49.80元

凡购本书，如有缺页、倒页、脱页，由本社图书营销中心调换